Java
设计模式及实践

Design Patterns and Best Practices in Java

[印度] 卡马尔米特·辛格（Kamalmeet Singh）
[荷兰] 艾德里安·伊恩库列斯库（Adrian Ianculescu） 著
[罗马尼亚] 路西安-保罗·托尔耶（Lucian-Paul Torje）

张小坤 黄凯 贺涛 译

图书在版编目（CIP）数据

Java 设计模式及实践 /（印）卡马尔米特·辛格（Kamalmeet Singh）等著；张小坤，黄凯，贺涛译 . —北京：机械工业出版社，2019.6（2023.1 重印）

（Java 核心技术系列）

书名原文：Design Patterns and Best Practices in Java

ISBN 978-7-111-62943-6

I. J… II. ①卡… ②张… ③黄… ④贺… III. JAVA 语言 – 程序设计 IV. TP312.8

中国版本图书馆 CIP 数据核字（2019）第 109640 号

北京市版权局著作权合同登记　图字：01-2018-6836 号。

Kamalmeet Singh, Adrian Ianculescu, Lucian-Paul Torje: Design Patterns and Best Practices in Java (ISBN: 978-1-78646-359-3).

Copyright © 2018 Packt Publishing. First published in the English language under the title "Design Patterns and Best Practices in Java".

All rights reserved.

Chinese simplified language edition published by China Machine Press.

Copyright © 2019 by China Machine Press.

本书中文简体字版由 Packt Publishing 授权机械工业出版社独家出版。未经出版者书面许可，不得以任何方式复制或抄袭本书内容。

Java 设计模式及实践

出版发行：机械工业出版社（北京市西城区百万庄大街 22 号　邮政编码：100037）	
责任编辑：李忠明	责任校对：殷　虹
印　　刷：北京捷迅佳彩印刷有限公司	版　　次：2023 年 1 月第 1 版第 7 次印刷
开　　本：186mm×240mm　1/16	印　　张：13.75
书　　号：ISBN 978-7-111-62943-6	定　　价：79.00 元

客服电话：（010）88361066　68326294

版权所有·侵权必究
封底无防伪标均为盗版

译 者 序

设计模式（design pattern）是前辈的经验积累，是软件开发人员解决软件开发过程中的一般问题的通用方案，能够帮助提高代码的可重用性，增强系统的可维护性，快速地解决开发过程中常见的诸多难题。从四人组（即 Erich Gamma、Richard Helm、Ralph Johnson、John Vlissides）的经典著作《设计模式》㊀，到市面上各式各样的讲述设计模式的出版物，相信读者已经读过不少。本书的特点是理论与实践相结合，在讲述理论知识的基础上，提供了大量的设计模式实现源码，为你提供良好的 Java 实践。本书的另一大特色是详细阐述了 Java 语言的最新版本所引入的特性，并针对其在经典设计模式中的应用进行了探索。

本书可分为四部分。第一部分（第 1 章）主要介绍了面向对象编程的基本概念和设计模式的基本原则；第二部分（第 2～4 章）分别介绍了创建型、行为型、结构型三类设计模式，阐述了各种设计模式的概念、实现方式以及适用范围；第三部分（第 5～7 章）主要介绍了函数式编程及响应式编程的基本概念和应用实现；第四部分（第 8 和 9 章）主要介绍了常见的应用架构及其发展趋势，以及 Java 新版本所引入的功能特性。

参加本书翻译工作的有张小坤、黄凯、贺涛，全书由黄凯审校。在翻译过程中，感谢刘锋先生对一些专业词汇提供了规范性的解释。

由于书中概念术语繁多，且有许多概念和术语目前尚无标准的中文译法，加之译者水平有限，译文中难免有不当之处，恳请读者批评指正。

译者
2019 年 2 月

㊀ 该书已由机械工业出版社引进出版。——编辑注

前　言 Preface

借助设计模式，开发者可以改进代码库，提高代码可重用性，并使技术架构更加健壮。随着编程语言的不断发展，新的语言特性在得到广泛应用之前往往需要大量时间去理解。本书旨在降低接受最新趋势的难度，为开发人员提供良好的实例。

本书的目标读者

本书适用于每一位有意愿编写高质量代码的 Java 开发人员。本书讲述了很多开发者在编码时经常疏忽的最佳实践。书中涵盖了许多设计模式，这些设计模式经开发团队实践和测试过，是用来解决特定问题的最佳方案。

本书内容

第 1 章介绍了 Java 语言不同的编程范式。

第 2 章介绍了多种设计模式中的创建型模式，讲述了多种类型的创建型设计模式。

第 3 章介绍了行为型设计模式，主要解析了多种用来管理代码和对象行为的设计模式。

第 4 章介绍了结构型设计模式，详细解析了用于管理对象结构的设计模式。

第 5 章向读者介绍了函数式编程及与之相关的设计模式。

第 6 章通过实例介绍了响应式编程及其 Java 实现。

第 7 章进一步探索了响应式编程的核心内容及与之相关的设计模式。

第 8 章从 MVC 架构到微服务和无服务器应用，探索了近年来开发者尝试和测试过的多种架构模式。

第 9 章介绍了 Java 的历史、最佳实践和最新版 Java 中的更新，并在最后表达了作者对 Java 未来的期待。

如何充分利用本书

拥有 Java 开发经验者将能从本书中获益良多，推荐读者在阅读过程中探索并充分实践各章中提供的示例代码。

下载示例代码及彩色图像

本书的示例代码及所有截图和图表，可以从 http://www.packtpub.com 通过个人账号下载，也可以访问 http://www.hzbook.com，通过注册并登录个人账号下载。

关于作者 About the Authors

Kamalmeet Singh 在 15 岁时第一次尝试了编程并立刻爱上了它。他在获得信息技术学士学位之后加入了一家创业公司，在那里进一步提升了对 Java 编程的热爱之情。IT 行业 13 年的工作经验，以及在不同的公司、国家和领域的沉淀，使他成长为一名王牌开发人员和技术架构师。他使用的技术包括云计算、机器学习、增强现实、无服务器应用程序、微服务等，但他的最爱仍然是 Java。

我要感谢我的妻子 Gundeep，她总是鼓励我接受新的挑战，把最好的留给我。

Adrian Ianculescu 是一名拥有 20 年编程经验的软件开发人员，其中 12 年使用 Java，从 C++ 开始，然后使用 C#，最后自然地转向 Java。Adrian 在 2～40 人的团队中工作，他意识到开发软件不仅仅是编写代码，而对以不同的方法和框架设计软件和架构产生了兴趣。在公司工作一段时间之后，他开始转变为自由职业者和企业家，以追随他童年时代的梦想——制作游戏。

Lucian-Paul Torje 是一名有抱负的软件工匠，在软件行业工作了近 15 年，几乎对所有与技术有关的事情都感兴趣，这就是他涉猎广泛的原因，包括从 MS-DOS TSR 到微服务，从 Atmel 微控制器到 Android、iOS 和 Chromebook，从 C/C++ 到 Java，从 Oracle 到 MongoDB。每当有人需要使用创新的方法解决问题时，他都热衷于尝试！

About the Reviewer 关于评审者

　　Aristides Villarreal Bravo 是 Java 开发人员、NetBeans 梦之队的成员以及 Java 用户组的领导者。Aristides 住在巴拿马,他组织并参加了与 Java、JavaEE、NetBeans、NetBeans 平台、免费软件和移动设备相关的各种会议和研讨会。他还是 jmoordb 的作者,主要写关于 Java、NetBeans 和 Web 开发的教程和博客。

　　Aristides 参与了几个关于 NetBeans、NetBeans DZone 和 JavaHispano 等主题的网站访谈,他是 NetBeans 插件的开发人员。

目录 Contents

译者序
前言
关于作者
关于评审者

第1章 从面向对象到函数式编程 1

1.1 Java 简介 1
1.2 Java 编程范式 2
   1.2.1 命令式编程 2
   1.2.2 面向对象编程 3
   1.2.3 声明式编程 6
   1.2.4 函数式编程 6
1.3 流以及集合的使用 7
1.4 统一建模语言简介 8
1.5 设计模式和原则 11
   1.5.1 单一职责原则 12
   1.5.2 开闭原则 13
   1.5.3 里氏替换原则 13
   1.5.4 接口隔离原则 14
   1.5.5 依赖倒置原则 16
1.6 总结 16

第2章 创建型模式 18

2.1 单例模式 18
   2.1.1 同步锁单例模式 19
   2.1.2 拥有双重校验锁机制的同步锁单例模式 20
   2.1.3 无锁的线程安全单例模式 21
   2.1.4 提前加载和延迟加载 21
2.2 工厂模式 22
   2.2.1 简单工厂模式 22
   2.2.2 工厂方法模式 25
   2.2.3 抽象工厂模式 27
   2.2.4 简单工厂、工厂方法与抽象工厂模式之间的对比 28
2.3 建造者模式 29
   2.3.1 汽车建造者样例 30
   2.3.2 简化的建造者模式 32
   2.3.3 拥有方法链的匿名建造者 32
2.4 原型模式 33

2.5 对象池模式 … 34
2.6 总结 … 36

第 3 章 行为型模式 … 37
3.1 责任链模式 … 38
3.2 命令模式 … 40
3.3 解释器模式 … 43
3.4 迭代器模式 … 47
3.5 观察者模式 … 50
3.6 中介者模式 … 51
3.7 备忘录模式 … 53
3.8 状态模式 … 55
3.9 策略模式 … 55
3.10 模板方法模式 … 56
3.11 空对象模式 … 57
3.12 访问者模式 … 58
3.13 总结 … 59

第 4 章 结构型模式 … 60
4.1 适配器模式 … 61
4.2 代理模式 … 66
4.3 装饰器模式 … 70
4.4 桥接模式 … 73
4.5 组合模式 … 76
4.6 外观模式 … 79
4.7 享元模式 … 83
4.8 总结 … 88

第 5 章 函数式编程 … 89
5.1 函数式编程简介 … 89

5.1.1 lambda 表达式 … 91
5.1.2 纯函数 … 92
5.1.3 引用透明性 … 92
5.1.4 初等函数 … 93
5.1.5 高阶函数 … 93
5.1.6 组合 … 93
5.1.7 柯里化 … 93
5.1.8 闭包 … 94
5.1.9 不可变性 … 95
5.1.10 函子 … 95
5.1.11 单子 … 96
5.2 Java 中的函数式编程 … 97
5.2.1 lambda 表达式 … 97
5.2.2 流 … 98
5.3 重新实现面向对象编程设计模式 … 102
5.3.1 单例模式 … 102
5.3.2 建造者模式 … 102
5.3.3 适配器模式 … 103
5.3.4 装饰器模式 … 103
5.3.5 责任链模式 … 103
5.3.6 命令模式 … 104
5.3.7 解释器模式 … 104
5.3.8 迭代器模式 … 104
5.3.9 观察者模式 … 105
5.3.10 策略模式 … 105
5.3.11 模板方法模式 … 105
5.4 函数式设计模式 … 106
5.4.1 MapReduce … 106
5.4.2 借贷模式 … 107

5.4.3 尾调用优化 ………………… 108
5.4.4 记忆化 …………………… 109
5.4.5 执行 around 方法 …………… 110
5.5 总结 ………………………… 111

第 6 章 响应式编程 ……………… 112

6.1 什么是响应式编程 ……………… 113
6.2 RxJava 简介 …………………… 114
6.3 安装 RxJava …………………… 115
  6.3.1 Maven 下的安装 …………… 115
  6.3.2 JShell 下的安装 …………… 116
6.4 Observable、Flowable、Observer 和 Subscription 的含义 …………………… 116
6.5 创建 Observable ……………… 118
  6.5.1 create 操作符 ……………… 118
  6.5.2 defer 操作符 ……………… 119
  6.5.3 empty 操作符 ……………… 120
  6.5.4 from 操作符 ……………… 120
  6.5.5 interval 操作符 …………… 120
  6.5.6 timer 操作符 ……………… 121
  6.5.7 range 操作符 ……………… 121
  6.5.8 repeat 操作符 ……………… 121
6.6 转换 Observable ……………… 122
  6.6.1 subscribe 操作符 …………… 122
  6.6.2 buffer 操作符 ……………… 122
  6.6.3 flatMap 操作符 …………… 122
  6.6.4 groupBy 操作符 …………… 124
  6.6.5 map 操作符 ………………… 124
  6.6.6 scan 操作符 ………………… 125

  6.6.7 window 操作符 …………… 125
6.7 过滤 Observable ……………… 125
  6.7.1 debounce 操作符 …………… 125
  6.7.2 distinct 操作符 …………… 126
  6.7.3 elementAt 操作符 ………… 126
  6.7.4 filter 操作符 ……………… 127
  6.7.5 first/last 操作符 …………… 127
  6.7.6 sample 操作符 …………… 128
  6.7.7 skip 操作符 ………………… 128
  6.7.8 take 操作符 ………………… 128
6.8 组合 Observable ……………… 128
  6.8.1 combine 操作符 …………… 129
  6.8.2 join 操作符 ………………… 129
  6.8.3 merge 操作符 ……………… 130
  6.8.4 zip 操作符 ………………… 131
6.9 异常处理 ……………………… 131
  6.9.1 catch 操作符 ……………… 131
  6.9.2 do 操作符 ………………… 132
  6.9.3 using 操作符 ……………… 133
  6.9.4 retry 操作符 ……………… 133
6.10 线程调度器 …………………… 134
6.11 Subject ……………………… 135
6.12 示例项目 …………………… 136
6.13 总结 ………………………… 139

第 7 章 响应式设计模式 …………… 140

7.1 响应模式 ……………………… 140
  7.1.1 请求 – 响应模式 …………… 140
  7.1.2 异步通信模式 …………… 146
  7.1.3 缓存模式 ………………… 148

7.1.4　扇出与最快响应模式 …… 149
　　7.1.5　快速失败模式 …………… 150
7.2　弹性模式 …………………………… 150
　　7.2.1　断路器模式 ……………… 150
　　7.2.2　故障处理模式 …………… 151
　　7.2.3　有限队列模式 …………… 151
　　7.2.4　监控模式 ………………… 152
　　7.2.5　舱壁模式 ………………… 152
7.3　柔性模式 …………………………… 152
　　7.3.1　单一职责模式 …………… 153
　　7.3.2　无状态服务模式 ………… 154
　　7.3.3　自动伸缩模式 …………… 156
　　7.3.4　自包含模式 ……………… 156
7.4　消息驱动通信模式 ………………… 157
　　7.4.1　事件驱动通信模式 ……… 157
　　7.4.2　出版者 – 订阅者模式 …… 157
　　7.4.3　幂等性模式 ……………… 158
7.5　总结 ………………………………… 158

第 8 章　应用架构的发展趋势 …… 159

8.1　什么是应用架构 …………………… 159
8.2　分层架构 …………………………… 160
　　8.2.1　分层架构示例 …………… 162
　　8.2.2　tier 和 layer 的区别 ……… 165
　　8.2.3　分层架构的作用 ………… 165
　　8.2.4　分层架构面临的挑战 …… 165
8.3　MVC 架构 …………………………… 166
　　8.3.1　MVC 架构示例 …………… 168
　　8.3.2　更现代的 MVC 实现 …… 170
　　8.3.3　MVC 架构的作用 ………… 171

　　8.3.4　MVC 架构面临的挑战 …… 171
8.4　面向服务架构 ……………………… 171
　　8.4.1　面向服务架构示例 ……… 172
　　8.4.2　Web 服务 ………………… 173
　　8.4.3　SOAP 与 REST …………… 173
　　8.4.4　企业服务总线 ……………… 174
　　8.4.5　面向服务架构的作用 …… 174
　　8.4.6　面向服务架构面临的
　　　　　挑战 ………………………… 175
8.5　微服务架构 ………………………… 176
　　8.5.1　微服务架构示例 ………… 176
　　8.5.2　服务间的通信 ……………… 178
　　8.5.3　微服务架构的作用 ……… 178
　　8.5.4　微服务架构面临的挑战 … 178
8.6　无服务器架构 ……………………… 179
　　8.6.1　无服务器架构示例 ……… 179
　　8.6.2　独立于基础设施规划 …… 184
　　8.6.3　无服务器架构的作用 …… 184
　　8.6.4　无服务器架构面临的
　　　　　挑战 ………………………… 184
8.7　总结 ………………………………… 185

第 9 章　Java 中的最佳实践 ……… 186

9.1　Java 简史 …………………………… 186
　　9.1.1　Java 5 的特性 …………… 187
　　9.1.2　Java 8 的特性 …………… 188
　　9.1.3　目前官方支持的 Java
　　　　　版本 ………………………… 188
9.2　Java 9 的最佳实践和新特性 …… 189
　　9.2.1　Java 平台模块化系统 …… 189

9.2.2	JShell …………………… 192	9.3	Java 10 的最佳实践和新特性 …………………… 201	
9.2.3	接口中的私有方法 ……… 194	9.3.1	局部变量类型推断 ……… 201	
9.2.4	流的增强功能 …………… 195	9.3.2	集合的 copyOf 方法 …… 203	
9.2.5	创建不可变集合 ………… 196	9.3.3	并行垃圾回收机制 ……… 204	
9.2.6	在数组中添加方法 ……… 197	9.3.4	Java 10 增加的其他功能 …………………… 205	
9.2.7	Optional 类的增强功能 … 198			
9.2.8	新的 HTTP 客户端 ……… 199	9.4	总结 ……………………………… 205	
9.2.9	Java 9 增加的其他功能 … 200			

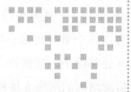

第 1 章 Chapter 1

从面向对象到函数式编程

本章介绍如何使用设计模式来写具有健壮性、可维护性、可扩展性的代码，以及 Java 的最新特性。为此，我们需要讨论以下问题：

- 什么是编程范式
- 命令式范式
- 声明式和函数式范式
- 面向对象范式
- 统一建模语言（UML）综述
- 面向对象原则

1.1 Java 简介

1995 年，一个新的编程语言发布了，它从广为人知的 C++ 语言以及鲜为人知的 Smalltalk 语言继承而来。这个新的编程语言就是 Java，它尝试着去改善之前人部分语言的局限性。比如，令 Java 广为流行的一个重要特性是：编写一次就能随处使用。这个特性意味着，你能够在一台 Windows 机器上开发代码，但是可以让代码运行在 Linux 上，或者说其他的系统上，你所需要的只是 JVM（Java Virtual Machine，Java 虚拟机)。Java 还提供了一些其他特性，比如：垃圾回收器，让开发人员从繁杂的申请内存和释放内存工作中解放出来；JIT（Just In Time，即时编译技术），让 Java 更加智能和快速。Java 还移除了一些特性，比如指针，这样会让 Java 更加安全。上面提到的所有特性以及后续增加的网络支持特性使 Java 成为开发人员的一个普遍选择。自 Java 诞生以来，隔几年就有一种新语言诞生和消失，而 Java 11 已经成功发布并被公众接受，这正说明了 Java 语言的成功。

1.2 Java 编程范式

什么是编程范式，自从有软件开发开始，开发人员尝试了不同的方式来设计编程语言。对于不同的编程语言，我们都有一系列的概念、原则和规定。这些概念、原则和规定就被称为编程范式。从理论上来说，我们希望编程语言只遵从一个编程范式。但是实际上，一个语言往往拥有多个编程范式。

在接下来的几节里，我们会重点介绍 Java 语言所基于的编程范式，包括命令式、面向对象、声明式和函数式编程，以及用来描述这些编程范式的主要概念。

1.2.1 命令式编程

命令式编程是这样一种编程范式：用语句更改程序的状态。这个概念出现在运算的开始，并且与计算机的内部结构紧密相连。程序是处理单元上运行的一组指令，它以命令的方式改变状态（状态即存储器中的变量）。"命令"这个名称，顾名思义，指令的执行即是程序的运行。

今天大多数流行的编程语言或多或少都基于命令式编程发展而来。命令式语言最典型的示例就是 C 语言。

命令式编程示例

为了更好地理解命令式编程范式的概念，让我们举一个例子：你计划在某城镇与一个朋友会面，但他不知道如何到达那里。我们来试着以"命令式"的方式向他解释如何实现目标：

1）在中央火车站乘坐 1 号电车；

2）在第三站下车；

3）向右走，朝第六大道行进，直到到达第三个路口。

1.2.2 面向对象编程

面向对象编程经常与命令式编程联系在一起，在实践当中，两者是可以共存的。Java 就是这种协作的生动证明。

接下来，我们将简要介绍面向对象的基本概念，代码都会以 Java 语言实现。

1. 对象和类

对象是面向对象编程（OOP）语言的主要元素，它包括状态和行为。

如果我们将类视为模板，则对象是模板的实现。例如，如果"人类"是一个定义了人类所拥有的属性和行为的类，那么你我都是这个"人类"类的对象，因为我们已经满足了作为"人类"所有的要求。或者，我们把"汽车"视为一个类，那么一辆特定的本田思域汽车就是"汽车"类的一个对象。这辆本田思域汽车可以满足汽车类所具备的所有属性和行为，比如有引擎、方向盘、车灯等，还能前进、倒退等。我们可以看到面向对象范式如何与现实世界相关联。几乎现实世界中的所有东西都可以从类和对象的角度来考虑，因此 OOP 能够毫不费力地流行起来。

面向对象基于四个基本原则：

- 封装
- 抽象
- 继承
- 多态

2. 封装

封装主要是指属性和行为的绑定。封装的思路是将对象的属性和行为保存在一个地方，以便于维护和扩展。封装还提供了一种隐藏用户所不需要的细节的机制。在 Java 当中，我们可以为方法和属性提供访问说明符来管理类使用者的可见内容以及隐藏内容。

封装是面向对象语言的基本原则之一。封装有助于不同模块的分离，使得开发人员可以或多或少地独立开发和维护解耦模块。在内部更改解耦模块/类/代码而不影响其外部暴露行为的技术称为代码重构。

3. 抽象

抽象与封装密切相关，并且在某种程度上它与封装重叠。简而言之，抽象提供了一种机制，这种机制使得对象可以公开它所做的事，而隐藏它是如何做到这些事的。

我们拿现实世界中的"汽车"作为例子来说明抽象。为了驾驶一辆汽车，我们并不需要知道汽车引擎盖下是什么样的，我们只需要知道它给我们暴露的数据和行为。数据显示在汽车的仪表盘上，行为就是我们可以用控制设备来驾驶汽车。

4. 继承

继承是指对象或类基于另一个对象或类的能力。有一个父类或者基类，它为实体提供顶级行为。每一个满足"父类的属性和方法是子类的一部分"条件的子类实体或者子类都可以从父类中继承，并根据需要添加其他行为。

让我们来看一个现实世界的例子。如果我们将 Vehicle 视为父类，我们知道 Vehicle 类可以具有某些属性和行为。例如，Vehicle 类有一个引擎、好几个门等等，并且它拥有移动这个行为。现在满足这些条件的所有实体（例如 Car、Truck、Bike 等），都可以从 Vehicle 类继承并添加给定的属性和行为。换句话说，我们可以说 Car 是一种 Vehicle。

让我们来看代码如何实现。我们首先创建一个名为 Vehicle 的基类，此类拥有一个构造函数，这个函数能够接受一个 String（字符串）类型的参数（车辆名称）：

```java
public class Vehicle
{
  private String name;
  public Vehicle(String name)
  {
    this.name=name;
  }
}
```

现在我们创建一个拥有构造函数的 Car 类。Car 类继承自 Vehicle 类，因此它继承并可以访问在基类中声明为 protected（保护）或 public（公共）的所有成员和方法：

```
public class Car extends Vehicle
{
  public Car(String name)
  {
    super(name);
  }
}
```

5. 多态

从广义上讲，多态为我们提供了让不同类型的实体使用相同接口的选项。主要有两种类型的多态：编译时多态和运行时多态。有一个 Shape 类，拥有两个计算面积的方法。一个方法计算一个圆的面积，它接受一个整数，也就是说，输入半径并返回这个圆的面积。另一个方法计算矩形的面积，它需要两个输入——长度和宽度。编译器可以根据调用参数的数量来决定调用哪个面积方法。这是编译时多态。

有些技术人员认为，只有运行时多态才是真正的多态。运行时多态（有时也称为子类型多态）在子类继承父类并覆盖其方法时起作用。在这种情况下，编译器无法决定最终是执行子类的实现还是父类的实现，只能在运行时决定。

为了详细说明，我们采用前面的示例并向车辆类型添加新方法以打印对象的类型和名称：

```
public String toString()
{
  return "Vehicle:"+name;
}
```

我们在派生的 Car 类中重写相同的方法：

```
public String toString()
{
  return "Car:"+name;
}
```

现在我们可以看到行为中的子类型多态。我们创建一个 Vehicle 对象和一个 Car 对象，将每个对象声明为 Vehicle 变量类型（因为 Car 也是 Vehicle）。然后我们为每个对象调用 toString 方法。vehicle1 是 Vehicle 类的一个实例，它将调用 Vehicle.toString() 方法。vehicle2 是 Car 类的一个实例，它将调用 Car 类的 toString 方法：

```
Vehicle vehicle1 = new Vehicle("A Vehicle");
Vehicle vehicle2 = new Car("A Car");
System.out.println(vehicle1.toString());
System.out.println(vehicle2.toString());
```

1.2.3 声明式编程

让我们回想之前提到的现实生活中的命令式编程例子，我们指导朋友如何到达一个地方。当我们从声明式编程范式的角度思考，我们并不告诉朋友如何到达特定位置，而是简单地给他地址并让他弄清楚如何到达那里。在这种情况下，我们并不关心他是否使用地图或 GPS，或者他是否向别人求助，而是告诉他该做什么：上午 9：30 到达第五大道和第九大道之间的交界处。

与命令式编程相反，声明式编程是这样一种编程范式：它指定程序应该做什么，而不具体说明怎么做。纯粹的声明式语言包括数据库查询语言（如 SQL 和 XPath）以及正则表达式。与命令式编程语言相比，声明式编程语言更抽象。它们并不模拟硬件结构，因此不会改变程序的状态，而是将它们转换为新状态，并且更接近数学逻辑。

通常，非命令式的编程范式都被认为属于声明式类别。这就是为什么有许多类型的范式属于声明式类别。在我们的探索中，我们会看到与本书内容唯一相关的一个声明式编程范式：函数式编程。

1.2.4 函数式编程

函数式编程是声明式编程的子范式。与命令式编程相反，函数式编程不会改变程序的内部状态。

在命令式编程中，函数更多地被视为指令、例程或过程的序列。它们不仅依赖于存储在存储器中的状态，而且还可以改变该状态。这样，根据当前程序的状态，使用相同参数调用命令式函数可能会产生不同的结果，与此同时，被执行的函数更改了程序的变量。

在函数式编程术语中，函数类似于数学函数，函数的输出仅依赖于其参数，而不管程序的状态如何，完全不受函数是何时执行的影响。

矛盾的是，虽然命令式编程自计算机发明以来就存在，但函数式编程的基本概念却可以追溯到这之前。大多数函数式语言都是基于 lambda 演算，这是由数学家 Alonzo Church 于 20 世纪 30 年代创建的一种形式化数学逻辑系统。

函数式语言在当时变得如此受欢迎的原因之一是它们可以轻松地在并行环境中运行，这与多线程不太一样。函数式语言支持并行运行的关键在于它们的基本原理：函数仅依赖于输入参数而不依赖于程序的状态。也就是说，它们可以在任何地方运行，然后将多个并行执行的结果连接起来并进一步使用。

1.3 流以及集合的使用

每个使用 Java 的人都知道集合。我们以命令式方式使用集合：告诉程序如何做它应该做的事情。让我们看以下示例，其中实例化 10 个整数的集合，从 1 到 10：

```
List<Integer> list = new ArrayList<Integer>();
for (int i = 0; i < 10; i++)
{
  list.add(i);
}
```

现在，我们将创建另一个集合，在其中过滤掉奇数：

```
List<Integer> odds = new ArrayList<Integer>();
for (int val : list)
{
  if (val % 2 == 0)
  odds.add(val);
}
```

最后，我们把结果打印出来：

```
for (int val : odds)
{
  System.out.print(val);
}
```

正如你所看到的，我们编写了相当多的代码来执行三个基本操作：创建数字集合，过滤奇数，打印结果。当然，我们可以在一个循环中完成所有操作，但是如果我们在不使用循环的情况下完成它呢？毕竟，使用循环意味着我们告诉程序如何完成其任务。从 Java 8 开始，我们已经能够使用流在一行代码中执行相同的操作：

```
IntStream
.range(0, 10)
.filter(i -> i % 2 == 0)
.forEach( System.out::print );
```

流在 java.util.stream 包中定义，用于管理可以对其执行功能式操作的对象流。流是集合的功能对应物，并为映射 – 归约操作提供支持。

我们将在后面的章节中进一步讨论 Java 中的流和函数式编程。

1.4 统一建模语言简介

统一建模语言（Unified Modeling Language，UML）可以帮助我们表示软件的结构：不同的模块、类和对象如何相互交互，以及它们之间的关系是什么。

UML 经常与面向对象的设计结合使用，但它具有更广泛的适用范围。然而这超出了本书的范围，因此，下面我们将重点介绍与本书相关的 UML 功能。

在 UML 中，我们可以定义系统的结构和行为，并且可以通过图表可视化全部或者部分模型。有两种类型的图表：

- 结构图用于表示系统的结构。有许多类型的结构图，但我们只讨论类图。对象图、包图和组件图均类似于类图。
- 行为图用于描述系统的行为。交互图是行为图的子集，用于描述系统的不同组件之间的控制流和数据流。在行为图中，顺序图广泛用于面向对象的设计中。

类图是面向对象设计和开发阶段中使用最多的图类型。类图是一种结构图，用于说明类的结构及类之间的关系。如图 1-1 所示。

类图对于描述类在应用程序中的结构非常有用。大多数时候，仅仅查看结构就足以了解类如何交互，但有时这还不够。对于这些情况，我们可以使用行为图和交互图，其中顺序图用于描述类和对象的交互。让我们使用顺序图来显示 Car 对象和 Vehicle 对象如何在继承和多态示例中进行交互，如图 1-2 所示。

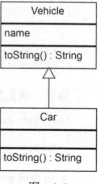

图 1-1

类之间的关系

在面向对象编程中，除了代表基本概念的继承关系之外，还有一些其他类关系可以帮助我们建模和开发复杂的软件系统：

- 泛化和实现
- 依赖
- 关联、聚合和组合

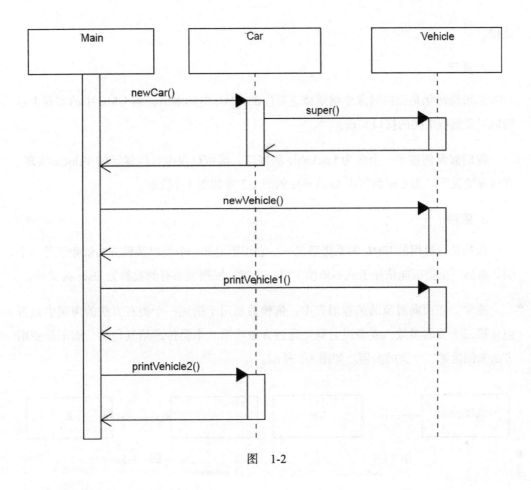

图 1-2

1. 泛化

继承也被称为 Is-A 关系,因为从另一个类继承而来的类能够被当成父类来使用。

当一个类表示多个类的共享特征时,这称为泛化,例如,Vehicle 是 Bike、Car 和 Truck 的泛化。类似地,当一个类表示一般类的特殊实例时,这称为特化,因此 Car 是 Vehicle 的特化,如图 1-3 所示。

在 UML 术语中,描述继承的关系称为

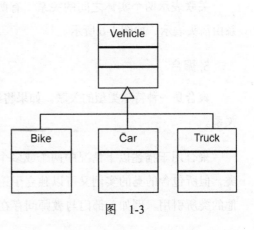

图 1-3

泛化。

2. 实现

如果说泛化是面向对象中继承概念对应的 UML 中的术语，则 UML 中的实现表示面向对象编程中类的接口实现。

我们假设创建了一个名为 Lockable 的接口，该接口仅由可以锁定的 Vehicle 实现。在这种情况下，为 Car 类实现 Lockable 的图 1-3 将如图 1-4 所示。

3. 依赖

依赖是最通用的 UML 关系类型之一。它用于定义一个类以某种方式依赖于另一个类，而另一个类可能依赖于或不依赖于第一个类。依赖关系有时被称为 Uses-A 关系。

通常，在面向对象的编程语言中，依赖关系用于描述一个类在方法的声明中是否包含第二个类的参数，或者说它只是通过方法将第二个类传递给其他类，而不是使用方法来创建第二个类的实例。如图 1-5 所示。

图 1-4　　　　　　　　　　图 1-5

4. 关联

关联表示两个实体之间的关系。有两种类型的关联：组合和聚合。通常，关联关系由箭头表示，如图 1-6 所示。

5. 聚合

聚合是一种特殊类型的关联。如果将继承看作 Is-A 关系，则可以将聚合视为 Has-A 关系。

聚合用于描述以下情况中两个或多个类之间的关系：一个类在逻辑上包含另一个类，但所包含的类的实例又可以独立于第一个类在其上下文之外生存，或者可以被其他的类所引用。例如，部门与教师间存在 Has-A 关系，每位教师必须属于部门，但如果部门不再存在,教师仍然可以处于活动状态,如图1-7所示。

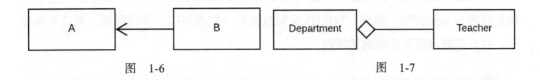

图 1-6　　　　　　　　　　　图 1-7

6. 组合

顾名思义,一个类是另一个类的组成部分就称两者间存在组合关系。这有点类似于聚合,不同之处在于当主类不再存在时,依赖类不再存在。例如,房子(House)由房间(Room)组成,但如果房子被销毁,房间就不再存在,如图1-8所示。

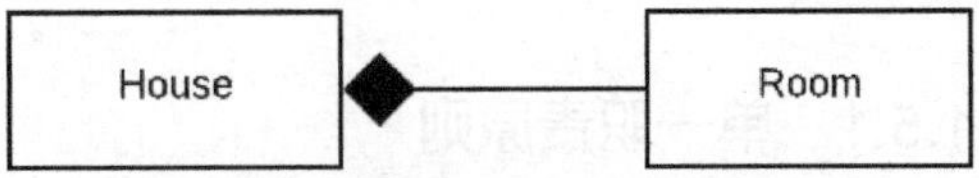

图 1-8

实际上,尤其是在具有垃圾回收器的Java等语言中,组合和聚合之间的界限并不是很清晰。对象不必手动销毁,当它们不再被引用时,它们会被垃圾回收器自动销毁。因此,从编码的角度来看,我们不需要真正关心处理的是组合还是聚合关系,但是如果我们想要在UML中有一个定义良好的模型,考虑这一点就很重要了。

1.5　设计模式和原则

无论你是在大型团队中工作还是在单人项目中工作,软件开发都不仅仅是编写代码。构建应用程序的方式对软件应用程序的成败有很大影响。当我们谈论一个成功的软件应用程序时,不仅讨论应用程序如何执行它应该做的事情,还讨论在开发它时付出了多少努力,以及它是否易于测试和维护。如果没有以正确的方式完成,那么暴涨的开发成本将会导致没人能接受这个应用程序。

创建软件应用程序是为了满足不断变化和发展的需求。一个成功的应用程序还应该提供一种简单的方法来扩展它以满足不断变化的期望。

幸运的是,我们不是第一个遇到这些问题的人。有一些问题已经被开发人员所发现并总结了解决方案。如果在设计和开发软件时应用一组面向对象的设计原则和模式,则可以避免或解决这些常见问题。

面向对象的设计原则也被称为 SOLID。在设计和开发软件时可以应用这些原则，以便创建易于维护和开发的程序。SOLID 最初是由 Robert C. Martin 所提出的，它们是敏捷软件开发过程的一部分。SOLID 原则包括单一职责原则、开闭原则、里氏替换原则、接口隔离原则和依赖倒置原则。

除了前面提到的设计原则外，还有面向对象的设计模式。设计模式是可以应用于常见问题的通用可重用解决方案。遵循克里斯托弗·亚历山大的概念，设计模式首先被 Kent Beck 和 Ward Cunningham 应用于编程，并于 1994 年因一本名为《 Gang Of Four（GOF）》的书而广为流传。下面我们将介绍 SOLID 设计原则，接下来的几章将介绍设计模式。

1.5.1 单一职责原则

单一职责原则是一种面向对象的设计原则，该原则指出软件模块应该只有一个被修改的理由。在大多数情况下，编写 Java 代码时都会将单一职责原则应用于类。

单一职责原则可被视为使封装工作达到最佳状态的良好实践。更改的理由是：需要修改代码。如果类需要更改的原因不止一个，那么每个类都可能引入影响其他类的更改。当这些更改单独管理但影响同一模块时，一系列更改可能会破坏与其他更改原因相关的功能。

另一方面，每个更改的职责/理由都会增加新的依赖关系，使代码不那么健壮，更难以修改。

在示例中，我们将使用数据库来持久保存对象。假设对 Car 类添加方法来处理增、删、改、查的数据库操作，如图 1-9 所示。

在这种情况下，Car 不仅会封装逻辑，还会封装数据库操作（两个职责是改变的两个原因）。这将使我们的类更难维护和测试，因为代码是紧密耦合的。Car 类将取决于数据库，如果将来想要更改数据库系统，我们必须更改 Car 代码，这可能会在 Car 逻辑中产生错误。

相反，更改 Car 逻辑可能会在数据持久性中产生错误。

Car
name : String
model : String
year : Integer
setName()
create()
read(name)
update()
delete()
calculatePrice()

图 1-9

解决方案是创建两个类：一个用于封装 Car 逻辑，另一个用于负责持久性。如图 1-10 所示。

1.5.2 开闭原则

这个原则如下：

"模块、类和函数应该对扩展开放，对修改关闭。"

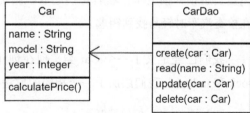

图 1-10

应用此原则将有助于我们开发复杂而稳健的软件。我们必须想象：开发的软件正在构建一个复杂的结构，一旦我们完成了它的一部分，不应该再修改它，而是应该在它的基础之上继续建设。软件开发也是一样的。一旦我们开发并测试了一个模块，如果想要改变它，不仅要测试正在改变的功能，还要测试它负责的整个功能。这涉及许多额外的资源，这些资源可能从一开始就没有估算过，也会带来额外的风险。一个模块中的更改可能会影响其他模块或整体上的功能。如图 1-11 所示。

因此，最好的办法是尝试在完成后保持模块不变，并通过继承和多态扩展来添加新功能。开闭原则是最重要的设计原则之一，是大多数设计模式的基础。

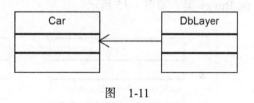

图 1-11

1.5.3 里氏替换原则

Barbara Liskov 指出，派生类型必须完全可替代其基类型。里氏替换原则（LSP）与子类型多态密切相关。基于面向对象语言中的子类型多态，派生对象可以用其父类型替换。例如，如果有一个 Car 对象，它可以在代码中用作 Vehicle。

里氏替换原则声明，在设计模块和类时，必须确保派生类型从行为的角度来看是可替代的。当派生类型被其父类型替换时，其余代码就像它是子类型那样使用它。从这个角度来看，派生类型应该像其父类型那样表现，不应该破坏它的行为。这称为强行为子类型。

为了理解 LSP，我们举一个违反原则的例子。在开发汽车服务软件时，我们发现需要对以下场景进行建模。当留下汽车需要服务时，车主离开汽车。服务助理拿走钥匙，当车主离开时，服务助理检查他是否有正确的钥匙以及是否发现了正确的车。他只是去解锁并锁上车，然后将钥匙放在指定的地方并留一张便条，这样机械师就可以在检查汽车时轻易找到钥匙。

我们已经定义了一个 Car 类，现在创建一个 Key 类并在汽车类中添加两个方法：lock 和 unlock。我们添加了一个相应的方法，助理检查钥匙是否匹配汽车：

```
public class Assistant
{
  void checkKey(Car car, Key key)
  {
    if ( car.lock(key) == false ) System.out.println("Alert! Wrong
      key, wrong car or car lock is broken!");
  }
}
```

类图如图 1-12 所示。

在开发软件时，我们想到了有时通过汽车服务修理巴吉赛车（译者注：一种没有门的沙漠赛车，使用后轮驱动）。由于巴吉赛车是四轮车，我们创造了一个继承自 Car 的 Buggy 类。如图 1-13 所示。

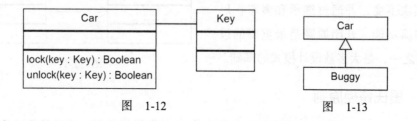

图 1-12　　　　　　　　　　图 1-13

巴吉赛车没有门，因此无法锁定或解锁。我们相应地实现了代码：

```
public bool lock(Key key)
{
  // this is a buggy so it can not be locked return false;
}
```

我们设计的软件要用于汽车，无论它们是否是巴吉赛车，所以将来可以将它扩展到其他类型的汽车。汽车能被锁定或解锁可能会产生一些问题。

1.5.4　接口隔离原则

下面这句话从链接 https://www.oodesign.com/interface-segregation-principle.html

得来：

"客户端不应该依赖于它所不需要的接口。"

实际应用中，接口隔离原则（Interface Segregation Principle，ISP）减少了代码耦合，使软件更健壮，更易于维护和扩展。接口隔离原则最初是由 Robert Martin 提出的，他意识到如果接口隔离原则被破坏，客户端被迫依赖它们不使用的接口时，代码就会变得紧密耦合，几乎不可能为其添加新功能。

为了更好地理解这一点，我们再次采用汽车服务示例（参见图 1-14）。现在我们需要实现一个名为 Mechanic（机修工）的类。机修工修理汽车，所以我们增加了修理汽车的方法。在这个例子中，Mechanic 类依赖于 ICar 类，但是，Car 类提供的方法超出了 Mechanic 需要的。

这是一个糟糕的设计，因为如果我们想把汽车替换为另一辆汽车，需要在 Mechanic 类中进行更改，这违反了开闭原则。换个思路，我们可以创建一个仅公开 Mechanic 类所需的相关方法的接口。如图 1-15 所示。

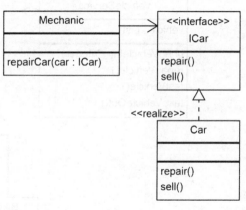

图 1-14

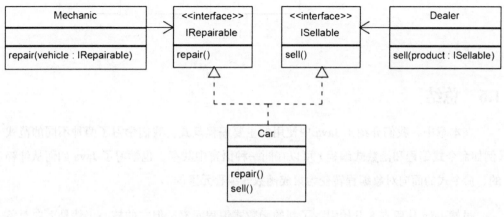

图 1-15

1.5.5 依赖倒置原则

"高级模块不应该依赖低级模块,两者都应该依赖抽象。"

"抽象不应该依赖于细节,细节应该依赖于抽象。"

为了理解这个原理,我们必须解释耦合和解耦的重要概念。耦合是指软件系统的模块彼此依赖的程度。依赖度越低,维护和扩展系统就越容易。有不同的方法来解耦系统的组件。其中一个办法是将高级逻辑与低级模块分开,如图1-16所示。这样做时,可以尝试让它们都依赖于抽象进而减少二者之间的依赖关系。如此就可以替换或扩展其中任何一个模块而不影响其他模块。

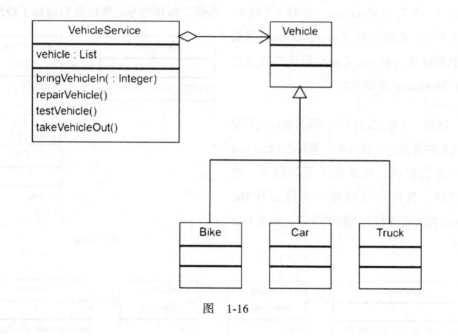

图 1-16

1.6 总结

在本章中,我们介绍了Java中使用的主要编程范式。我们学习了两种不同的范式(例如命令式编程和函数式编程)可以在同一种语言中共存,也学习了Java如何从纯粹的、命令式的面向对象编程转变为集成函数式编程元素的。

虽然Java从版本8开始引入了新的函数式编程元素,但它的核心仍然是面向对象的语言。为了编写易于扩展和维护的可靠且健壮的代码，我们学习了面向对象编程语言的基本原则。

开发软件的一个重要部分是设计程序组件的结构和所需行为。通过这种方式，我们可以在大型系统、大型团队中工作，在团队内部或团队之间共享面向对象的设计。为了能够做到这一点，我们强调了与面向对象设计和编程相关的主要 UML 图和概念。我们还在本书中广泛使用 UML 来描述这些示例。在介绍了类关系并展示如何在图中表示它们之后，我们进入下一部分，在那里我们描述了面向对象的设计模式和原理，提出了主要原则。在下一章中，我们将继续介绍处理对象创建的设计模式，这种模式使代码具有健壮性和扩展性。

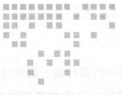

Chapter 2 第 2 章

创建型模式

本章主要介绍了创建型模式（Creational Pattern）。创建型模式主要用于处理对象的创建问题，本章主要介绍以下内容：

- 单例模式
- 工厂模式
- 建造者模式
- 原型模式
- 对象池模式

2.1 单例模式

自 Java 语言推广使用以来，单例模式（singleton pattern）就是最常用的设计模式，它具有易于理解、使用简便等特点。有时单例模式会过度使用或在不合适的场景下使用，造成弊大于利的后果，因此，单例模式有时被认为是一种反模式。但是很多情况下单例模式是不可或缺的。

单例模式，顾名思义，用来保证一个对象只能创建一个实例，除此之外，它还提供了对实例的全局访问方法。单例模式的实现方式如图 2-1 所示。

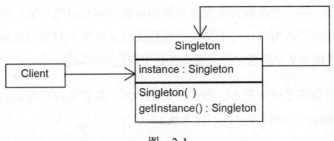

图 2-1

单例模式的实现非常简单,只由单个类组成。为确保单例实例的唯一性,所有的单例构造器都要被声明为私有的(private),再通过声明静态(static)方法实现全局访问获得该单例实例。实现代码如下所示:

```
public class Singleton
{
  private static Singleton instance;
  private Singleton()
  {
    System.out.println("Singleton is Instantiated.");
  }
  public static Singleton getInstance()
  {
    if (instance == null)
    instance = new Singleton();
    return instance;
  }
  public void doSomething()
  {
    System.out.println("Something is Done.");
  }
}
```

当我们在代码中使用单例对象时,只需进行简单的调用,代码如下所示:

```
Singleton.getInstance().doSomething();
```

在 getInstance 方法中,需要判断实例是否为空。如果实例不为空,则表示该对象在之前已被创建;否则,用新的构造器创建它。经过这些操作,无论是哪种情况,实例都不再为空,可以返回实例对象。

2.1.1 同步锁单例模式

单例模式的实现代码简单且高效,但还需注意一种特殊情况,在多线程应用中使用这种模式,如果实例为空,可能存在两个线程同时调用 getInstance 方法的情况。如果发生这种情况,第一个线程会首先使用新构造器实例化单例对象,同时第二个线程也会检查单例实例是否为空,由于第一个线程还没完成单例对象的实例化操作,所以第二个线程会发现这个实例是空的,也会开始实例化单例对象。

上述场景看似发生概率很小,但在实例化单例对象需要较长时间的情况下,发生的可能性就足够高,这种情况往往不能忽视。

要解决这个问题很简单,我们只需要创建一个代码块来检查实例是否空线程安全。可以通过以下两种方式来实现。

- 向 getInstance 方法的声明中添加 synchronized 关键字以保证其线程安全:

```
public static synchronized Singleton getInstance()
```

- 用 synchronized 代码块包装 if (instance == null) 条件。在这一环境中使用 synchronized 代码块时,需要指定一个对象来提供锁,Singleton.class 对象就起这种作用。如以下代码片段所示:

```
synchronized (SingletonSync2.class)
{
  if (instance == null)
  instance = new SingletonSync2();
}
```

2.1.2　拥有双重校验锁机制的同步锁单例模式

前面的实现方式能够保证线程安全,但同时带来了延迟。用来检查实例是否被创建的代码是线程同步的,也就是说此代码块在同一时刻只能被一个线程执行,但是同步锁(locking)只有在实例没被创建的情况下才起作用。如果单例实例已经被创建了,那么任何线程都能用非同步的方式获取当前的实例。

只有在单例对象未实例化的情况下,才能在 synchronized 代码块前添加附加条件移动线程安全锁:

```
if (instance == null)
{
  synchronized (SingletonSync2.class)
  {
    if (instance == null)
    instance = new SingletonSync2();
  }
}
```

注意到 instance == null 条件被检查了两次，因为我们需要保证在 synchronized 代码块中也要进行一次检查。

2.1.3 无锁的线程安全单例模式

Java 中单例模式的最佳实现形式中，类只会加载一次，通过在声明时直接实例化静态成员的方式来保证一个类只有一个实例。这种实现方式避免了使用同步锁机制和判断实例是否被创建的额外检查：

```
public class LockFreeSingleton
{
  private static final LockFreeSingleton instance = new
  LockFreeSingleton();
  private LockFreeSingleton()
  {
    System.out.println("Singleton is Instantiated.");
  }
  public static synchronized LockFreeSingleton getInstance()
  {
    return instance;
  }
  public void doSomething()
  {
    System.out.println("Something is Done.");
  }
}
```

2.1.4 提前加载和延迟加载

按照实例对象被创建的时机，可以将单例模式分为两类。如果在应用开始时创建单例实例，就称作提前加载单例模式；如果在 getInstance 方法首次被调用时才调用单例构造器，则称作延迟加载单例模式。

前面例子中描述的无锁线程安全单例模式在早期版本的 Java 中被认为是提前加载单例模式，但在最新版本的 Java 中，类只有在使用时候才会被加载，所以它也是一种延迟加载模式。另外，类加载的时机主要取决于 JVM 的实现机制，因而版本之间会有不同。所以进行设计时，要避免与 JVM 的实现机制进行绑定。

目前，Java 语言并没有提供一种创建提前加载单例模式的可靠选项。如果确实需要提前实例化，可以在程序的开始通过调用 getInstance 方法强制执行，如下面代码所示：

```
Singleton.getInstance();
```

2.2 工厂模式

正如前面章节所描述，在面向对象编程中，继承是一个基本概念，它与多态共同构成了类的父子继承关系（Is-A 关系）。Car 对象可以被当作 Vehicle 对象处理，Truck 对象也可以被当作 Vehicle 对象处理。一方面，这种抽象方式使得同一段代码能为 Car 和 Truck 对象提供同样的处理操作，使代码更加简洁；另一方面，如果要扩展新的 Vehicle 对象类型，比如 Bike 或 Van，不再需要修改代码，只需添加新的类即可。

在大多数情况下，最棘手的问题往往是对象的创建。在面向对象编程中，每个对象都使用特定类的构造器进行实例化操作，如下面代码所示：

```
Vehicle vehicle = new Car();
```

这段代码说明了 Vehicle 和 Car 两个类之间的依赖关系。这样的依赖关系使代码紧密耦合，在不更改的情况下很难扩展。举例来说，假设要用 Truck 替换 Car，就需要修改相应的代码：

```
Vehicle vehicle = new Truck();
```

这里存在两个问题：其一，类应该保持对扩展的开放和对修改的关闭（开闭原则）；其二，每个类应该只有一个发生变化的原因（单一职责原则）。每增加新的类造成主要代码修改时会打破开闭原则，而主类除了其固有功能之外还负责实例化 vehicle 对象，这种行为将会打破单一职责原则。

在这种情况下就需要一种更好的设计方案。我们可以增加一个新类来负责实例化 vehicle 对象，称之为简单工厂模式。

2.2.1 简单工厂模式

工厂模式用于实现逻辑的封装，并通过公共的接口提供对象的实例化服务，在添加新的类时只需要做少量的修改。

简单工厂的实现描述如图 2-2 所示。

类 SimpleFactory 中包含实例化 ConcreteProduct 1 和 ConcreteProduct 2 的代码。当客户需要对象时，调用 SimpleFactory 的 createProduct() 方法，并提供参数指明所需对象的类型。SimpleFactory 实例化相应的具体产品并返回，返回的产品对象被转换为基类类型。因此，无论是 ConcreteProduct 1 还是 ConcreteProduct 2，客户能以相同的方式处理。

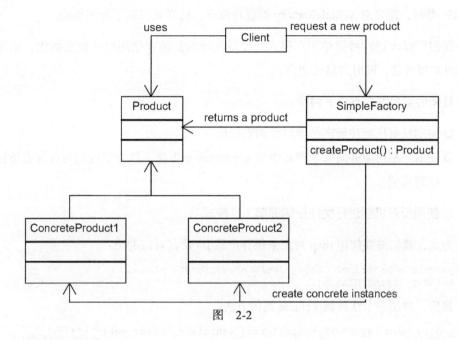

图 2-2

1. 静态工厂模式

下面我们写一个简单的工厂类用来创建 Vehicle 实例。我们创建一个抽象 Vehicle 类和继承自它的三个具体类：Bike、Car 和 Truck。工厂类（也叫静态工厂类）代码如下所示：

```java
public class VehicleFactory
{
  public enum VehicleType
  {
    Bike,Car,Truck;
  }
  public static Vehicle create(VehicleType type)
  {
    if (type.equals(VehicleType.Bike))
    return new Bike();
    if (type.equals(VehicleType.Car))
    return new Car();
    if (type.equals(VehicleType.Truck))
    return new Truck();
    else return null;
  }
}
```

工厂类逻辑非常简单，只负责 Vehicle 类的实例化，符合单一职责原则；用户只调用 Vehicle 接口，这样做可以减少耦合，符合依赖倒置原则；但是当增加一个新的 Vehicle 类时，需要对 VehicleFactory 类进行修改，这样就打破了开闭原则。

我们可以改进这种简单工厂模式，使得注册的新类在使用时才被实例化，从而保证其对扩展开放，同时对修改闭合。

具体的实现方式有以下两种：

- 使用反射机制注册产品类对象和实例化。
- 注册产品对象并向每个产品添加 newInstance 方法，该方法返回与自身类型相同的新实例。

2. 使用反射机制进行类注册的简单工厂模式

为此，我们需要使用 map 对象来保存产品 ID 及其对应的类：

```
private Map<String, Class> registeredProducts = new
HashMap<String,Class>();
```

然后，增加一个注册新 Vehicle 类的方法：

```
public void registerVehicle(String vehicleId, Class vehicleClass)
{
  registeredProducts.put(vehicleId, vehicleClass);
}
```

构造方法如下所示：

```
public Vehicle createVehicle(String type) throws InstantiationException,
IllegalAccessException
{
  Class productClass = registeredProducts.get(type);
  return (Vehicle)productClass.newInstance();
}
```

但在某些情况下，反射机制并不适用。比如，反射机制需要运行时权限，这在某些特定环境中是无法实现的。反射机制也会降低程序的运行效率，在对性能要求很高的场景下应该避免使用这种机制。

3. 使用 newInstance 方法进行类注册的简单工厂模式

前面的代码中使用了反射机制来实现新 Vehicle 类的实例化。如果要避免使用反射机制，可以使用注册新 Vehicle 类的类似工厂类，不再将类添加到 map 对象中，而是将要注册的每种对象实例添加其中。每个产品类都能够创建自己的实例。

首先在 Vehicle 基类中添加一个抽象方法：

```
abstract public Vehicle newInstance();
```

对于每种产品，基类中声明为抽象的方法都要实现：

```
@Override
public Car newInstance()
{
  return new Car();
}
```

在工厂类中，更改 map 用于保存对象的 ID 及其对应的 Vehicle 对象：

```
private Map<String, Vehicle> registeredProducts = new
HashMap<String,Vehicle>();
```

通过实例注册一种新的 Vehicle 类型：

```
public void registerVehicle(String vehicleId, Vehicle vehicle)
{
  registeredProducts.put(vehicleId, vehicle);
}
```

也要相应地改变 createVehicle 方法：

```
public AbstractProduct createVehicle(String vehicleId)
{
  return registeredProducts.get(vehicleId).newInstance();
}
```

2.2.2　工厂方法模式

工厂方法模式是在静态工厂模式上的改进。工厂类被抽象化，用于实例化特定产品类的代码被转移到实现抽象方法的子类中。这样不需要修改就可以扩展工厂类。工厂方法模式的实现如图 2-3 所示。

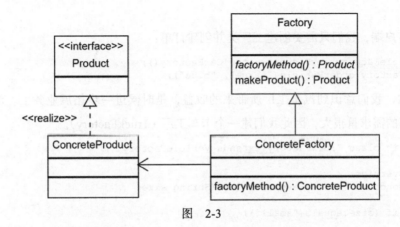

图　2-3

下面来看一些样例：假设有一个汽车工厂，目前只生产两种车型，小型跑车和大型家用车。在软件中，顾客可以自由决定买小型车或大型车。首先，我们需要创建一个 Vehicle 类和两个子类，子类分别为 SportCar 和 SedanCar。

创建 Vehicle 类结构之后就可以创建抽象工厂类。要注意工厂类中并不包含任何创建新实例的代码：

```java
public abstract class VehicleFactory
{
  protected abstract Vehicle createVehicle(String item);
  public Vehicle orderVehicle(String size, String color)
  {
    Vehicle vehicle = createVehicle(size);
    vehicle.testVehicle();
    vehicle.setColor(color);
    return vehicle;
  }
}
```

为了增加汽车实例化的代码，我们创建了 VehicleFactory 的子类，即 CarFactory 类，并在 CarFactory 中实现从父类中调用的 createVehicle 抽象方法。实际上，VehicleFactory 类将 Vehicle 类的具体实例化操作委托给了它的子类：

```java
public class CarFactory extends VehicleFactory
{
  @Override
  protected Vehicle createVehicle(String size)
  {
    if (size.equals("small"))
      return new SportCar();
    else if (size.equals("large"))
      return new SedanCar();
    return null;
  }
}
```

在客户端，我们只需要创建工厂类并创建订单：

```java
VehicleFactory carFactory = new CarFactory();
carFactory.orderVehicle("large", "blue");
```

此时，我们意识到汽车工厂所带来的收益，是时候进一步拓展业务了。市场调查显示卡车的需求量很大，因此我们建一个卡车工厂（TruckFactory）。

```java
public class TruckFactory extends VehicleFactory
{
  @Override
  protected Vehicle createVehicle(String size)
  {
    if (size.equals("small"))
```

```
      return new SmallTruck();
    else if (size.equals("large"))
      return new LargeTruck();
    return null;
  }
}
```

我们使用如下代码来下订单：

```
VehicleFactory truckFactory = new TruckFactory();
truckFactory.orderVehicle("large", "blue");
```

匿名具体工厂模式

继续在前面的代码中添加一个 BikeFactory，使得顾客可以选择购买小型或大型自行车。这里不用创建单独的类文件，只需直接在客户端代码中简单地创建一个匿名类来对 VehicleFactory 类进行扩展即可：

```
VehicleFactory bikeFactory = new VehicleFactory()
{
  @Override
  protected Vehicle createVehicle(String size)
  {
    if (size.equals("small"))
      return new MountainBike();
    else if (size.equals("large"))
      return new CityBike();
    return null;
  }
};
bikeFactory.orderVehicle("large", "blue");
```

2.2.3　抽象工厂模式

抽象工厂模式是工厂方法模式的扩展版本。它不再是创建单一类型的对象，而是创建一系列相关联的对象。如果说工厂方法模式中只包含一个抽象产品类，那么抽象工厂模式则包含多个抽象产品类。

工厂方法类中只有一个抽象方法，在不同的具体工厂类中分别实现抽象产品的实例化，而抽象工厂类中，每个抽象产品都有一个实例化方法。

如果我们采用抽象工厂模式并将它应用于包含单个对象的簇，那么就得到了工厂方法模式。工厂方法模式只是抽象工厂模式的一种特例。

抽象工厂设计模式的实现如图 2-4 所示。

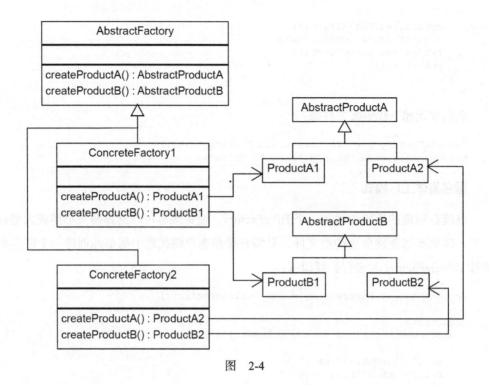

图 2-4

抽象工厂模式由以下类组成：

- AbstractFactory（抽象工厂类）：抽象类，用于声明创建不同类型产品的方法。它针对不同的抽象产品类都有对应的创建方法。
- ConcreteFactory（具体工厂类）：具体类，用于实现抽象工厂基类中声明的方法。针对每个系列的产品都有一个对应的具体工厂类。
- AbstracProduct（抽象产品类）：对象所需的基本接口或类。一簇相关的产品类由来自不同层级的相似产品类组成。ProductA1 和 ProductB1 来自第一个类簇，由 ConcreteFactory1 实例化。ProductA2 和 ProductB2 来自第二个类簇，由 ConcreteFactory2 实例化。

2.2.4 简单工厂、工厂方法与抽象工厂模式之间的对比

之前我们阐述了实现工厂模式的三种不同方式，即简单工厂模式、工厂方法模式和抽象工厂模式。如果你目前对这三种实现方式还存在困惑，也无须自责，因为这些模式之间确实存在许多重叠的地方，况且，这些模式并不存在明确的定义，某些专家

在如何实施这些模式上也存在着分歧。

本节的主旨是让读者理解工厂模式的核心概念。工厂模式的核心就是由工厂类来负责合适对象的创建。如果工厂类很复杂,比如同时服务于多种类型的对象或工厂,也可以根据前面内容相应的修改代码。

2.3 建造者模式

建造者模式与其他创建型模式一样服务于相同的目标,只不过它出于不同的原因,通过不同的方式实现。在开发复杂的应用程序时,代码往往会变得非常复杂。类会封装更多的功能,类的结构也会变得更加复杂。随着功能量的增加,就需要涵盖更多场景,从而需要构建更多不同的类。

当需要实例化一个复杂的类,以得到不同结构和不同内部状态的对象时,我们可以使用不同的类对它们的实例化操作逻辑分别进行封装,这些类就被称为建造者。每当需要来自同一个类但具有不同结构的对象时,就可以通过构造另一个建造者来进行实例化。

它的概念不仅可以用于不同表现形式的类,还可以用于由其他对象组成的复杂对象。构造建造者类来封装实例化复杂对象的逻辑,符合单一职责原则和开闭原则。实现实例化复杂对象的逻辑被放到了单独的建造者类中。当需要具有不同结构的对象时,我们可以添加新的建造者类,从而实现对修改的关闭和对扩展的开放,如图 2-5 所示。

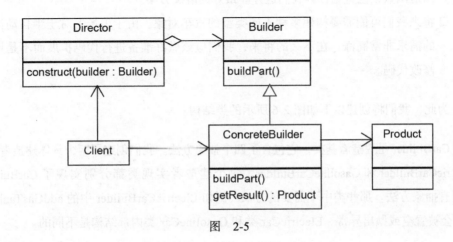

图 2-5

建造者模式中包含以下类：

- Product（产品类）：需要为其构建对象的类，是具有不同表现形式的复杂或复合对象。
- Builder（抽象建造者类）：用于声明构建产品类的组成部分的抽象类或接口。它的作用是仅公开构建产品类的功能，隐藏产品类的其他功能；将产品类与构建产品类的更高级的类分离开。
- ConcreteBuilder（具体建造者类）：用于实现抽象建造者类接口中声明的方法。除此之外，它还通过 getResult 方法返回构建好的产品类。
- Director（导演类）：用于指导如何构建对象的类。在建造者模式的某些变体中，导演类已被移除，其角色被客户端或抽象建造者类所代替。

2.3.1 汽车建造者样例

在本节中，我们将在汽车软件中应用建造者模式。首先，存在一个 Car 类，需要为它创建实例。通过向汽车中添加不同的组件，我们分别可以制造轿车和跑车。当开始设计软件时，需要认识到以下几点：

- Car 类非常复杂，创建类的对象也是一个复杂的操作。在 Car 类的构造函数中添加所有的实例化逻辑将使其变得体量庞大。
- 我们需要构建多种类型的汽车类。针对这种情况，我们通常会添加多个不同的构造函数，但直觉告诉我们这并非最好的解决方案。
- 将来我们可能需要构建多种不同类型的汽车对象。由于市场上对于半自动汽车的需求非常高涨，在不久的将来，我们应该做好准备进行代码扩展而不是重新修改代码。

为此，我们将创建以下如图 2-6 所示的类结构。

CarBuilder 是建造者基类，它包含了四个抽象方法。我们创建了两个具体建造者类：ElectricCarBuilder 和 GasolineCarBuilder。每个建造者实现类都分别实现了 CarBuilder 的所有抽象方法。那些类中不需要的方法（例如 ElectricCarBuilder 中的 addGasTank 方法）会被置空或抛出异常。ElectricCar 类和 GasolineCar 类内部结构是不同的。

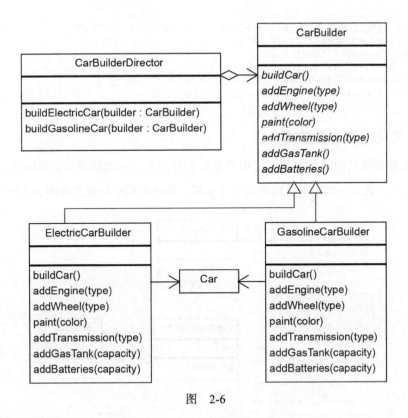

图 2-6

导演类使用抽象建造者类来创建新的汽车对象。buildElectricCar 和 buildGasolineCar 两个方法略有不同：

```
public Car buildElectricCar(CarBuilder builder)
{
  builder.buildCar();
  builder.addEngine("Electric 150 kW");
  builder.addBatteries("1500 kWh");
  builder.addTransmission("Manual");
  for (int i = 0; i < 4; i++)
    builder.addWheel("20x12x30");
  builder.paint("red");
  return builder.getCar();
}
```

如果想要制造一辆既有电动又有汽油发动机的混合动力汽车：

```
public Car buildHybridCar(CarBuilder builder)
{
  builder.buildCar();
  builder.addEngine("Electric 150 kW");
  builder.addBatteries("1500 kWh");
  builder.addTransmission("Manual");
```

```
    for (int i = 0; i < 4; i++)
    builder.addWheel("20x12x30");
    builder.paint("red");
    builder.addGasTank("1500 kWh");
    builder.addEngine("Gas 1600cc");
    return builder.getCar();
}
```

2.3.2 简化的建造者模式

在建造者模式的某些实现方式中可以移除导演类。在类例子中，导演类封装的逻辑非常简单，在这种情况下可以不需要导演类。简化的构建器模式如图2-7所示。

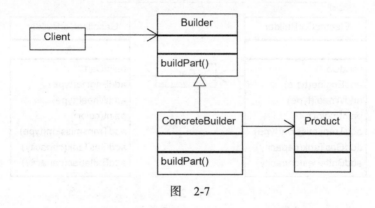

图 2-7

我们只是将导演类中实现的代码移到了客户端，但是当抽象建造者类和产品类太过复杂，或者要使用建造者类从数据流中构建对象时，我们不建议这样修改。

2.3.3 拥有方法链的匿名建造者

如前所述，构建来自相同类但具有不同形式的对象的最直接方法就是构建多个构造函数，按照不同的场景进行不同的实例化操作。使用建造者模式避免这种情况是个不错的实践，在《Effective Java》一书中，Joshua Bloch 建议使用内部建造者类和方法链来代替构建多个构造函数。

方法链是指通过特定方法返回当前对象（this）的一种技术。通过这种技术，可以以链的形式调用方法。例如：

```
public Builder setColor()
{
    // set color
    return this;
}
```

在定义了更多类似上述方法之后，可以用方法链调用它们：

```
builder.setColor("Blue")
.setEngine("1500cc")
.addTank("50")
.addTransmission("auto")
.build();
```

但在我们的例子中是将 Car 对象的建造者类构造为内部类。在需要增加新客户端时，可以执行以下操作：

```
Car car = new Car.Builder.setColor("Blue")
.setEngine("1500cc")
.addTank("50")
.addTransmission("auto")
.build();
```

2.4 原型模式

原型模式看似复杂，实际上它只是一种克隆对象的方法。现在实例化对象操作并不特别耗费性能，那么为什么还需要对象克隆呢？在以下几种情况下，确实需要克隆那些已经经过实例化的对象：

❏ 依赖于外部资源或硬件密集型操作进行新对象的创建的情况。
❏ 获取相同对象在相同状态的拷贝而无须进行重复获取状态操作的情况。
❏ 在不确定所属具体类时需要对象的实例的情况。

请看如图 2-8 所示的类图。

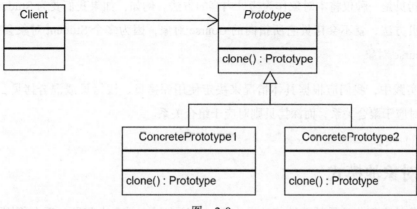

图 2-8

在原型模式中，主要涉及以下类：

- Prototype（抽象原型类）：声明了 clone() 方法的接口或基类，其中 clone() 方法必须由派生对象实现。在简单的场景中，并不需要这种基类，只需要直接具体类就足够了。
- ConcretePrototype（具体原型类）：用于实现或扩展 clone() 方法的类。clone() 方法必须要实现，因为它返回了类型的新实例。如果只在基类中实现了 clone() 方法，却没有在具体原型类中实现，那么当我们在具体原型类的对象上调用该方法时，会返回一个基类的抽象原型对象。

可以在接口中声明 clone() 方法，因而必须在类的实现过程中实现 clone() 方法，这项操作会在编译阶段强制执行。但是，在多继承层次结构中，如果父类实现了 clone() 方法，继承自它的子类将不会强制执行 clone() 方法。

浅拷贝和深拷贝

拷贝对象时，我们应该清楚拷贝的深度。当拷贝的对象只包含简单数据类型（如 int 和 float）或不可变的对象（如字符串）时，就直接将这些字段复制到新对象中。但当拷贝对象中包含对其他对象的引用时，这样就会出现问题。例如，如果为具有引擎和四个轮子的 Car 类实现拷贝方法时，我们不仅要创建一个新的 Car 对象，还要创建一个新的 Engine 对象和四个新的 Wheel 对象。毕竟两辆车不能共用相同的发动机和车轮，这称为深拷贝。

浅拷贝是一种仅将本对象作为拷贝内容的方法。例如，如果我们要为 Student 对象实现拷贝方法，就不会拷贝它所指向的 Course 对象，因为多个 Student 对象会指向同一个 Course 对象。

在实践中，我们应根据具体情况来决定使用深拷贝、浅拷贝或混合拷贝。通常，浅拷贝对应于聚合关系，而深拷贝则对应于组合关系。

2.5 对象池模式

对象的实例化是最耗费性能的操作之一，这在过去是个大问题，现在不用再过分关注它。但当我们处理封装外部资源的对象（例如数据库连接）时，对象的创建操作则会耗费很多资源。

解决方案是重用和共享这些创建成本高昂的对象，这称为对象池模式，如图 2-9 所示，它具有以下结构。

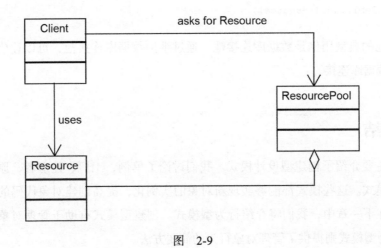

图 2-9

对象池模式中使用的类如下所示：

- ResourcePool（资源池类）：用于封装逻辑的类。用来保存和管理资源列表。
- Resource（资源类）：用于封装特定资源的类。资源类通常被资源池类引用，因此只要资源池不重新分配，它们就永远不会被回收。
- Client（客户端类）：使用资源的类。

当客户端需要新资源时，会向资源池类申请，资源池类检查后获取第一个可用资源并将其返回给客户端：

```
public Resource acquireResource()
{
  if ( available.size() <= 0 )
  {
    Resource resource = new Resource();
    inuse.add(resource);
    return resource;
  }
  else
  {
```

```
      return available.remove(0);
   }
}
```

客户端使用完资源后会进行释放，资源会重新回到资源池以便重复使用。

```
public void releaseResource(Resource resource)
{
   available.add(resource);
}
```

资源池的典型用例是数据库连接池。通过维护数据库连接池，可以让代码使用池中的不同数据库连接。

2.6 总结

本章主要介绍了创建型设计模式。我们讨论了单例、工厂、建造者、原型和对象池等设计模式。这些模式都能够实现新对象的实例化，提高创建对象代码的灵活性和重用性。在下一章中，我们将介绍行为型模式。创建型模式有助于管理对象的创建操作，而行为型模式则提供了管理对象行为的简便方法。

第 3 章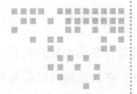

行为型模式

本章介绍行为型模式。行为型模式关注对象交互、通信和控制流。大多数行为型模式都基于组合和委托而不是继承。我们将在本章中研究以下行为型模式：

- 责任链模式
- 命令模式
- 解释器模式
- 迭代器模式
- 观察者模式
- 中介者模式
- 备忘录模式
- 状态模式
- 策略模式
- 模板方法模式
- 空对象模式
- 访问者模式

3.1 责任链模式

计算机软件是用来处理信息的，有多种不同的方式来组织和处理信息。从前文了解到，当我们在讨论面向对象编程时，应该赋予一个类单一的职责，从而使得类容易维护和扩展。

设想一个场景，需要对一批从客户端来的数据进行多种不同的操作，我们会使用多个不同的类负责不同的操作，而不是使用一个类集成所有操作，这样做能让代码松耦合且简洁。

这些类被称为处理器，第一个处理器会接收请求，如果它需要执行操作则会进行一次调用，如果不需要则会将请求传递给第二个处理器。类似地，第二个处理器确认并将请求传递给责任链中的下一个处理器。

1. 目的

责任链模式可以让处理器按以下方式处理：如果需要则处理请求，否则将请求传递给下一个处理器。

2. 实现

如图 3-1 所示的类图描述了责任链模式的结构和行为。

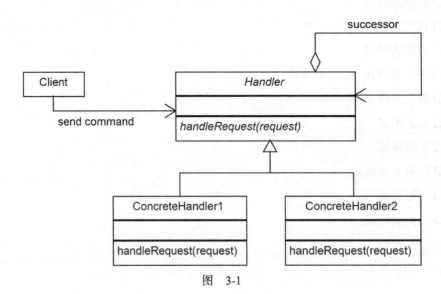

图 3-1

图 3-1 包括以下类:

- Client（客户端）：客户端是使用责任链模式的应用程序的主要结构。它的职责是实例化一个处理器的链，然后在第一个对象中调用 handleRequest 方法。
- Handler（处理器）：这是一个抽象类，提供给所有实际处理器进行继承。它拥有一个 handleRequest 方法，用来接收需要处理的请求。
- ConcreteHandler（具体处理器）：这是一个实现了 handleRequest 方法的具体类。每一个具体处理器都维持一个引用，指向链中下一个具体处理器，需要检查它自身是否能处理这个请求，不能就将请求传递给链中的下一个具体处理器。

每一个处理器需要实现一个方法，该方法被客户端所使用，并能够设置下一个处理器，当它无法处理请求时，将请求传给下一个处理器。这个方法可以加入到 Handle 基类当中。

```
protected Handler successor;
public void setSuccessor(Handler successor)
{
  this.successor = successor;
}
```

在每一个 ConcreteHandler 类中，我们实现下列代码，检查它是否能处理请求，不能则会传递请求：

```
public void handleRequest(Request request)
{
  if (canHandle(request))
  {
    //code to handle the request
  }
  else
  {
    successor.handleRequest();
  }
}
```

客户端负责在调用链头之前建立处理器链。这次调用会被传递，直到发现了能正确处理这个请求的处理器。

以汽车服务程序为例。每有一个损坏的汽车进入，首先出机修工进行检查，如果在机修工的专业范围内，机修工会对汽车进行维修。如果机修工不会维修，他们会把损坏的汽车传递给电工。如果电工也无法修理坏车，他们会将车交给下一个专家。图 3-2 展示了如何运行。

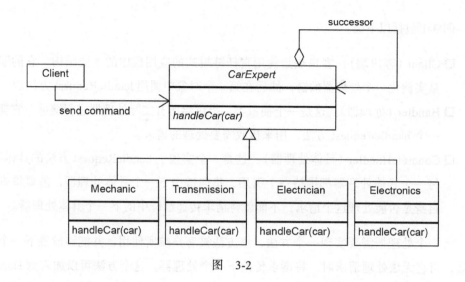

图 3-2

3. 适用情况和示例

以下是责任链模式的适用情况和示例：

- 事件处理器：举个例子，大部分图形用户界面框架使用责任链模式来处理事件。例如，一个窗口包含了一个面板，面板上有一些按钮，我们需要写按钮的事件处理器。如果我们决定跳过它并传递它，责任链中的下一个处理器面板将会处理这个请求。如果面板也跳过了它，它将会被传递到窗口。
- 日志处理器：与事件处理器类似，每一个处理器都要么记录一个基于其状态的特殊请求，要么将请求传送给下一个处理器。
- servlet：在 Java 中，javax.servlet.Filter（http://docs.oracle.com/javaee/7/api/javax/servlet/Filter.html）被用来过滤请求或者响应。doFilter 方法把过滤器链作为一个参数接收，它能够传递请求。

3.2 命令模式

在面向对象编程当中，一个很重要的事情是设计能够使得代码松耦合。举个例子，我们需要开发一个复杂的程序，用来绘制诸如点、线、线段、圆、矩形等许多图形。

为了让代码能够实现所有种类的形状，我们需要实现很多操作来处理菜单操作。

为了让程序可维护，我们需要创建一个统一的方法来定义所有的命令，这样做便能够将所有实现细节隐藏在程序之中（这个程序实际上就是客户端）。

1. 目的

命令模式能够做到：

- 提供一个统一的方法来封装命令和其所需要的参数来执行一个动作。
- 允许处理命令，例如将命令存储在队列中。

2. 实现

如图 3-3 所示的类图展示了命令模式的实现。

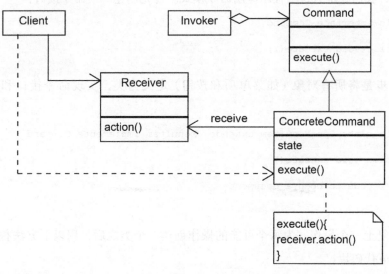

图 3-3

前面的类图中包括以下元素：

- Command（命令类）：这是表示命令封装的抽象类。它声明了执行的抽象方法，该方法应该由所有具体命令实现。
- ConcreteCommand（具体命令类）：这是命令类的实际实现。它必须执行命令并处理与每个具体命令相关的参数。它将命令委托给接收者。
- Receiver（接收者）：这是负责执行与命令关联的操作的类。

- Invoker（调用者）：这是触发命令的类。通常是外部事件，例如用户操作。
- Client（客户端）：这是实例化具体命令对象及其接收者的实际类。

最初，我们的想法是在一个大的 if-else 块中处理所有可能出现的命令：

```
public void performAction(ActionEvent e)
{
  Object obj = e.getSource();
  if (obj = fileNewMenuItem)
  doFileNewAction();
  else if (obj = fileOpenMenuItem)
  doFileOpenAction();
  else if (obj = fileOpenRecentMenuItem)
  doFileOpenRecentAction();
  else if (obj = fileSaveMenuItem)
  doFileSaveAction();
}
```

之后，我们决定为绘图程序应用命令模式。首先创建一个命令接口：

```
public interface Command
{
  public void execute();
}
```

下一步是将所有对象（如菜单项和按钮）定义为类，实现命令接口和 execute() 方法：

```
public class OpenMenuItem extends JMenuItem implements Command
{
  public void execute()
  {
    // code to open a document
  }
}
```

在重复上一个操作并为每个可能的操作创建一个类之后，用以下方法替换前面实现的 if-else 代码块：

```
public void performAction(ActionEvent e)
{
  Command command = (Command)e.getSource();
  command.execute();
}
```

从代码中看到调用者（触发 performAction 方法的客户端）和接收者（实现命令接口的类）是分离的。我们可以轻松扩展代码而无须更改它。

3. 适用情况和示例

命令模式的适用性和示例如下：

- Undo/Redo operation（撤销 / 重做操作）：命令模式允许我们将命令对象存储在队列中。这样就可以实现撤销和重做操作。
- Composite command（组合命令）：复杂命令可以使用组合模式由简单命令组成，并按顺序运行。通过这种方式，我们可以以面向对象的方式构建宏。
- The asynchronous method invocation（异步方法调用）：命令模式用于多线程应用程序。命令对象可以在后台以单独的线程执行。java.lang.Runnable 是一个命令接口。

在以下代码中，Runnable 接口充当命令接口，由 RunnableThread 实现：

```
class RunnableThread implements Runnable
{
  public void run()
  {
    // the command implementation code
  }
}
```

客户端调用命令以启动新线程：

```
public class ClientThread
{
  public static void main(String a[])
  {
    RunnableThread mrt = new RunnableThread();
    Thread t = new Thread(mrt);
    t.start();
  }
}
```

3.3 解释器模式

计算机用来解释句子或表达式。当需要编写一系列处理这种需求的代码时，首先要知道句子或表达式的结构，要有一个表达式或句子的内部表示。多数情况下，最合适的结构是基于组合模式的组合结构。我们将在第 4 章中进一步讨论组合模式。现在可以将组合表示视为将相似性质的对象集合在一起。

1. 目的

解释器模式定义语法的表示以及该语法的对应解释。

2. 实现

解释器模式使用组合模式来定义对象结构的内部表示。除此之外，它还添加了实现来解释表达式并将其转换为内部结构。因此，解释器模式属于行为型模式。解释器模式的类图如图3-4所示。

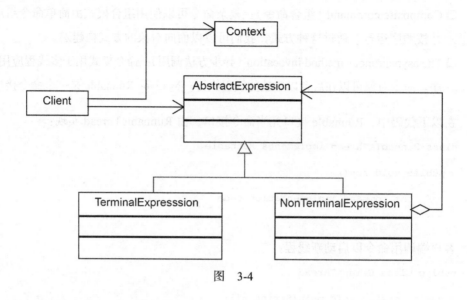

图 3-4

解释器模式由以下类组成：

- Context（环境）：Context用于封装解释器的全局信息，所有具体的解释器均需访问Context。
- AbstractExpression（抽象表达式）：一个抽象类或接口，声明执行的解释方法，由所有具体的解释器实现。
- TerminalExpression（终结符表达式）：一种解释器类，实现与语法的终结符相关的操作。终结符表达式必须始终被实现和实例化，因为它表示表达式的结尾。
- NonTerminalExpression（非终结符表达式）：这是实现语法的不同规则或符号的类。对于每一个语法都应该创建一个类。

在实践当中，解释器模式用来解释正则表达式。为这种场景实现解释器模式是一个很好的练习，这里我们选择一个简单的语法作为例子。我们将应用解释器模式来解析带有一个变量的简单函数$f(x)$。

为了简单，我们选择逆波兰表示法，这是一种在运算符末尾添加操作数的表示法。1+2变为1 2 +,（1+2）*3变为1 2 + 3 *。优点是不再需要括号，因此它简化了任务。

下面的代码为表达式创建了接口：

```
public interface Expression
{
  public float interpret();
}
```

实现具体类需要下列元素：

- Number（数字）类：它解释所有数字。
- Operatorc（（操作符）+、-、*、/）类：在下面的例子中，将使用加号（+）和减号（-）。

```
public class Number implements Expression
{
  private float number;
  public Number(float number)
  {
    this.number = number;
  }
  public float interpret()
  {
    return number;
  }
}
```

现在到了复杂的部分，我们需要实现操作符类，操作符类是组合表达式，由两个表达式组合而成：

```
public class Plus implements Expression
{
  Expression left;
  Expression right;
  public Plus(Expression left, Expression right)
  {
    this.left = left;
    this.right = right;
  }
  public float interpret()
  {
    return left.interpret() + right.interpret();
  }
}
```

类似地，接下来实现一个减号类：

```
public class Minus implements Expression
{
  Expression left;
  Expression right;
  public Minus(Expression left, Expression right)
  {
```

```java
        this.left = left;
        this.right = right;
    }
    public float interpret()
    {
        return right.interpret() - left.interpret();
    }
}
```

可以看到，我们已经创建了一个类，该类允许我们构建一棵这样的语法树：操作是节点，变量和数字是叶子。结构非常复杂，可用于解释表达式。

现在写一段代码，通过建立好的类来实现语法树：

```java
public class Evaluator
{
    public float evaluate(String expression)
    {
        Stack<Expression> stack = new Stack<Expression>();
        float result =0;
        for (String token : expression.split(" "))
        {
            if  (isOperator(token))
            {
                Expression exp = null;
                if(token.equals("+"))
                exp = stack.push(new Plus(stack.pop(), stack.pop()));
                else if (token.equals("-"))
                exp = stack.push(new Minus(stack.pop(), stack.pop()));
                if(null!=exp)
                {
                    result = exp.interpret();
                    stack.push(new Number(result));
                }
            }
            if  (isNumber(token))
            {
                stack.push(new Number(Float.parseFloat(token)));
            }
        }
        return result;
    }
    private boolean isNumber(String token)
    {
        try
        {
            Float.parseFloat(token);
            return true;
        }
        catch(NumberFormatException nan)
        {
            return false;
        }
```

```
    }
    private boolean isOperator(String token)
    {
       if(token.equals("+") || token.equals("-"))
       return true;
       return false;
    }
    public static void main(String s[])
    {
       Evaluator eval = new Evaluator();
       System.out.println(eval.evaluate("2 3 +"));
       System.out.println(eval.evaluate("4 3 -"));
       System.out.println(eval.evaluate("4 3 - 2 +"));
    }
}
```

3. 适用情况和示例

解释器模式适用于表达式被解释并转换为其内部表示的情况。内部表示是基于组合模式的，因此解释器模式不适用于复杂的语法。

Java 在 java.util.Parser 中实现了解释器模式，它用于解释正则表达式。在解释正则表达式时返回匹配器对象。匹配器使用基于正则表达式的模式类创建的内部结构：

```
Pattern p = Pattern. compile("a*b");
Matcher m = p.matcher ("aaaaab");
boolean b = m.matches();
```

3.4 迭代器模式

迭代器模式可能是 Java 中最广为人知的模式之一。Java 程序员在使用集合（collection）时，并不需要关注其类型是数组、列表、集合（set）还是其他，有些人并不知道这些集合包其实是使用了迭代器模式来实现的。

我们可以以相同的方式处理集合，无论它是列表还是数组，这是因为它提供了一种迭代其元素而不暴露其内部结构的机制。更重要的是，不同类型的集合能够使用相同的统一的机制。这种机制被称为迭代器模式。

1. 目的

迭代器模式提供了一种顺序遍历聚合对象元素而不暴露其内部实现的方法。

2. 实现

迭代器模式基于两个抽象类或接口，可以通过成对的具体类来实现。类图如图 3-5 所示。

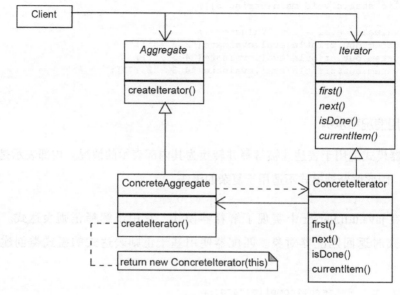

图 3-5

迭代器模式使用了以下类：

- Aggregate（抽象容器）：应该由所有类实现的抽象类，并且可以由迭代器遍历。这对应于 java.util.Collection 接口。
- Iterator（抽象迭代器）：抽象迭代器是迭代器抽象类，它定义遍历容器对象的操作以及返回对象的操作。
- ConcreteAggregate（具体容器）：具体容器可以实现内部不同的结构，但会暴露处理遍历容器的具体迭代器。
- ConcreteIterator(具体迭代器)：这是处理特定具体容器类的具体迭代器。实际上，对于每个具体容器，必须实现一个具体迭代器。

每一个 Java 程序员在日常工作中都会使用迭代器。让我们看看如何实现迭代器。首先，定义一个简单的迭代器接口：

```
public interface Iterator
{
  public Object next();
  public boolean hasNext();
}
```
We create the aggregate:
```
public interface Aggregate
{
public Iterator createIterator();
}
```

然后实现一个简单的容器，它维护一个 String 类型数组：
```
public class StringArray implements Aggregate
{
  private String values[];
  public StringArray(String[] values)
  {
    this.values = values;
  }
  public Iterator createIterator()
  {
    return (Iterator) new StringArrayIterator();
  }
  private class StringArrayIterator implements Iterator
  {
    private int position;
    public boolean hasNext()
    {
      return (position < values.length);
    }
    public String next()
    {
      if (this.hasNext())
      return values[position++];
      else
      return null;
    }
  }
}
```

我们在容器中嵌套了迭代器类。这是最好的选择，因为迭代器需要访问容器的内部变量。我们可以在这里看到它的外观：

```
String arr[]= {"a", "b", "c", "d"};
StringArray strarr = new StringArray(arr);
for (Iterator it = strarr.createIterator(); it.hasNext();)
System.out.println(it.next());
```

3. 适用情况和示例

如今，迭代器在大多数编程语言中都很流行，它可能是 Java 中使用最广泛的集合包。当使用以下循环结构遍历集合时，它也在语言级别实现：

```
for (String item : strCollection)
    System.out.println(item);
```

可以使用泛型机制来实现迭代器模式，这样就可以避免强制转换生成的运行时错误。

在 Java 现有版本中的 java.util.Iterator <E> 类和 java.util.Collection <E> 类，是实现新容器和迭代器很好的例子。当需要具有特定行为的容器时，我们应该考虑扩展 java.collection 包中实现的一个类，而不是创建一个新类。

3.5 观察者模式

随着本书的进展，我们不断提到解耦的重要性。当减少依赖关系时，我们可以扩展、开发和测试不同的模块，而无须了解其他模块的实现细节，只需要知道它们实现的抽象。

尽管如此，在实践当中，模块是需要协同工作的。一个对象往往能够知道另一个对象的变化。例如在游戏中实施汽车类，汽车的引擎需要知道加速器何时改变其位置。一般的解决方案是创建一个引擎类，一直轮询检查加速器位置，看它是否已经改变。而更智能的方法是使加速器调用引擎以通知它有关更改。但如果想得到设计良好的代码，这还不够。

如果加速器（Accelerator）类保留对引擎（Engine）类的引用，当需要在屏幕上显示 Accelerator 的位置时会发生什么？最好的解决方案是让两者都依赖于抽象，而不是让加速器依赖于引擎。

1. 目的

观察者模式使得一个对象的状态改变时，已经登记的其他对象能够观察到这一改变。

2. 实现

观察者模式的类图如图 3-6 所示。

观察者模式依赖于以下类：

- Subject（主题）：主题通常是由类实现的可观察的接口。应通知的观察者使用 attach 方法注册。当它们不再需要被告知变更时，使用 detach 方法取消注册。

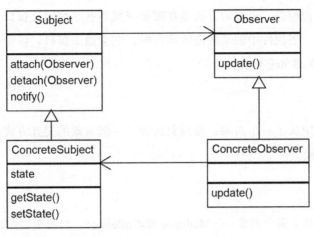

图 3-6

- ConcreteSubject（具体主题）：具体主题是一个实现主题接口的类。它处理观察者列表并更新它们的变化。
- Observer（观察者）：观察者是一个由对象实现的接口，应该根据主题中的更改来进行更新。每个观察者都应该实现 update 方法，该方法通知它们新的状态变化。

3.6 中介者模式

在许多情况下，当设计和开发软件应用程序时会遇到这样的场景，程序中有必须相互通信的模块和对象，最简单的实现方法是让它们彼此了解并直接发送消息。

但是，这种做法可能会造成混乱。例如，想象一个通信应用程序，程序中每个客户端必须连接到另一个客户端，那么客户端需要管理许多连接，这对于客户端来说其实并没有意义。更好的解决方案是让客户端都连接到中央服务器，让服务器管理客户端之间的通信。客户端将消息发送到服务器，服务器对客户端所有的连接都保持活动状态，并且可以向所有收件人广播消息。

另一个例子是需要一个专门的类来在图形界面中的不同控件之间扮演中介者，这些控件包括按钮、下拉列表和列表。例如，GUI 中的图形控件可以保持对彼此的引用，以便相互调用它们的方法。但显然这么做会创建一段耦合度高的代码，其中每个控件都依赖于所有其他控件。更好的方法是在需要完成某些事情时让窗口负责向所有必需的控件广播消息。当控件中的某些内容修改时，它会通知窗口，该窗口将检查哪些控件需要通知，然后通知它们。

1. 目的

中介者模式定义了一个对象，该对象封装了一组对象的交互方式，从而减少了它们之间的相互依赖。

2. 实现

中介者模式基于两个抽象——Mediator 和 Colleague，如图 3-7 所示。

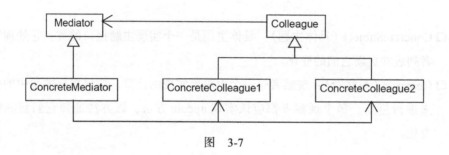

图 3-7

中介者模式依赖于以下类：

- Mediator（抽象中介者）：抽象中介者定义了参与者的交互方式。在此接口或抽象类中声明的操作与场景相关。
- ConcreteMediator（具体中介者）：它实现了中介者声明的操作。
- Colleague（抽象同事角色）：这是一个抽象类或接口，用于定义需要调解的参与者如何进行交互。
- ConcreteColleague（具体同事角色）：这是实现 Colleague 接口的具体类。

3. 适用情况和示例

当有许多实体以类似的方式进行交互并且这些实体应该解耦时，就应该使用中介者模式。

在 Java 库中，中介者模式用于实现 java.util.Timer。timer(计时器) 类可用于调度线程以固定间隔运行一次或重复多次运行。线程对象对应于 ConcreteColleague 类。timer 类实现了管理后台任务执行的方法。

3.7 备忘录模式

封装是面向对象设计的基本原则之一。我们知道每个类都承担一项职责。当向对象添加功能时，我们可能意识到需要保存其内部状态，以便能够在以后阶段恢复它。如果直接在类中实现这样的功能，这个类可能会变得太复杂，最终可能会违反单一职责原则。同时，封装阻止我们直接访问需要记忆的对象的内部状态。

1. 目的

备忘录模式用于保存对象的内部状态而不破坏其封装，并在以后阶段恢复其状态。

2. 实现

备忘录模式依赖于三个类——Originator、Memento 和 Caretaker，如图 3-8 所示。

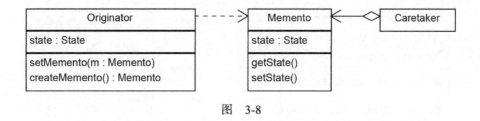

图 3-8

备忘录模式依赖于以下类：

- **Originator**（发起者）：发起者是我们需要记住状态的对象，以便在某个时刻恢复它。
- **Caretaker**（管理者）：这是负责触发发起者的变化或触发发起者返回先前状态的动作的类。
- **Memento**（备忘录）：这是负责存储发起者内部状态的类。备忘录提供了两种设置和获取状态的方法，但这些方法应该对管理者隐藏。

备忘录实际上比听起来容易得多。我们将它应用于汽车服务应用程序。机械师必须测试每辆车。他们使用自动装置测量汽车的所有输出,以获得不同的参数(速度、挡位、制动器等)。他们执行所有测试并且必须重新检查那些看起来可疑的测试。

首先创建 originator 类,我们将它命名为 CarOriginator,添加两个成员变量。state 表示测试运行时汽车的参数,这是我们想要保存的对象的状态。第二个成员变量是结果,这是汽车的测量输出,我们不需要将其存储在备忘录中。这是带有空嵌套备忘录的发起者:

```java
public class CarOriginator
{
  private String state;
  public void setState(String state)
  {
    this.state = state;
  }
  public String getState()
  {
    return this.state;
  }
  public Memento saveState()
  {
    return new Memento(this.state);
  }
  public void restoreState(Memento memento)
  {
    this.state = memento.getState();
  }
  /**
   * Memento class
   */
  public static class Memento
  {
    private final String state;
    public Memento(String state)
    {
      this.state = state;
    }
    private String getState()
    {
      return state;
    }
  }
}
```

现在我们为不同的状态运行汽车测试:

```java
public class CarCaretaker
{
  public static void main(String s[])
  {
    new CarCaretaker().runMechanicTest();
```

```
}
public void runMechanicTest()
{
  CarOriginator.Memento savedState = new CarOriginator.
  Memento("");
  CarOriginator originator = new CarOriginator();
  originator.setState("State1");
  originator.setState("State2");
  savedState = originator.saveState();
  originator.setState("State3");
  originator.restoreState(savedState);
  System.out.println("final state:" + originator.getState());
}
```

3. 适用情况

只要需要执行回滚操作,就会使用备忘录模式。它可用于各种原子事务,如果其中一个操作失败,则必须将对象恢复到初始状态。

3.8 状态模式

有限状态机是计算机科学中的一个重要概念。它具有强大的数学基础,代表了一个可以处于有限数量状态的抽象机器。有限状态机用于计算机科学的所有领域。

状态模式只是面向对象设计中的有限状态机的实现。类图如图 3-9 所示。

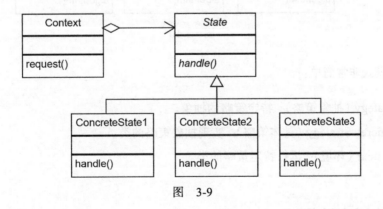

图 3-9

3.9 策略模式

行为模式的一个特定情况,是我们需要改变解决一个问题与另一个问题的方式。

正如在第 1 章中学到的那样，改变是不好的，而扩展是好的。因此，我们可以将两块代码封装在一个类中，而不是用一部分代码替换另一部分代码。然后可以创建代码所依赖类的抽象。这样会使代码变得非常灵活，我们可以使用任何实现了刚刚创建的抽象的类。

1. 目的

策略模式定义了一系列算法，封装了每个算法，并使它们可以互换。

2. 实现

策略模式的结构实际上与状态模式的相同。但是实现和意图完全不同。如图 3-10 所示。

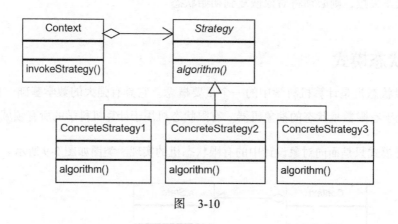

图 3-10

策略模式非常简单：

- Strategy（抽象策略）：特定策略的抽象。
- ConcreteStrategy（具体策略）：实现抽象策略的类。
- Context（环境）：运行特定策略的类。

3.10 模板方法模式

顾名思义，模板方法模式为代码提供了一个模板，可以由实现不同功能的开发人员填写。理解这一点的最简单方法是考虑 HTML 模板。你访问的大多数网站都遵循某种模板。例如，网站通常有页眉、页脚和侧边栏，它们之间会有核心内容。这意味着模板定义了页眉、页脚和侧边栏，每个内容编写者都可以使用此模板添加其内容。

1. 目的

使用模板方法模式的目的是避免编写重复的代码，以便开发人员可以专注于核心逻辑。

2. 实现

模板方法模式实现的最好方式是使用抽象类。抽象类可以提供给我们所知道的实现区域，默认实现和为实现而保持开放的区域即为抽象。

例如，实现一个非常高级别的数据库抽取查询。我们需要执行以下步骤：

1）创建一个数据库连接；
2）创建一个 query 语句；
3）执行 query 语句；
4）解析并返回数据；
5）关闭数据库连接。

可以看到，打开和关闭连接部分都是一样的，所以可以用模板方法模式实现这一部分，其余部分则根据需要独立地实现。

3.11 空对象模式

空对象模式是本书中涉及的最轻的模式之一。有时它被认为只是策略模式的一个特例，考虑到它在实践中的重要性，它也有自己独特的部分。如果我们使用测试驱动的方法开发程序，或者只是想在没有应用程序的其余部分的情况下开发模块，可以简单地用模拟类替换没有的类，模拟类具有相同的结构但是什么也不做。

实现

在图 3-11 中可以看到我们只是创建了一个 NullClass，它可以替换程序中的真实类。如前所述，这只是我们选择什么都不做的策略模式的一个特例。

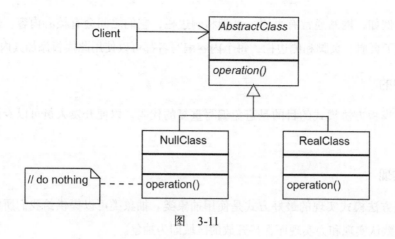

图 3-11

3.12 访问者模式

回到我们在讨论命令模式时介绍的形状应用程序。我们应用了命令模式，因此必须重做已实现的操作。现在考虑增加保存功能。

如果将一个抽象的 Save 方法添加到基本形状类中，并且为每个形状扩展它，我们就解决了问题。这个解决方案可能是最直观的，但不是最好的。首先，每个类都应该承担一项责任。其次，如果需要更改我们想要保存每个形状的格式会发生什么？如果实现相同的方法来生成 XML，那么是否必须更改为 JSON 格式？这种设计绝对不遵循开放/封闭原则。

1. 目的

访问者模式将操作与其操作的对象结构分开，允许添加新操作而不更改结构类。

2. 实现

访问者模式在单个类中定义了一组操作：它为每个类型的对象定义一个方法，该方法来自它必须操作的结构。只需创建另一个访问者即可添加一组新操作。类图如图 3-12 所示。

访问者模式基于以下类：

- Element（元素）：表示对象结构的基类。结构中的所有类都是它派生的，它们必须实现 accept（visitor：Visitor）方法。

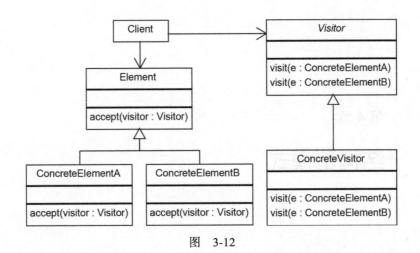

图 3-12

- ConcreteElementA（具体元素 A）和 ConcreteElementB（具体元素 B）：这是我们想要添加在 Visitor 类中实现的外部操作的具体类。
- （Visitor）访问者：这是基本的 Visitor 类，它声明了与每个 ConcreteElementA 相对应的方法。方法的名称相同，但每种方法都按其接受的类型区分。我们可以采用这种解决方案，因为在 Java 中可以使用名称相同而实际不一样的方法，但如果有需要，我们可以声明具有不同名称的方法。
- ConcreteVisitor（具体访问者）：这是访问者的实现。当需要一组单独的操作时，只需创建另一个访问者。

3.13 总结

本章讨论了各种行为型模式。我们研究了一些常用的行为型模式，例如责任链、命令模式、解释器模式等。这些模式有助于我们以受控方式来管理对象的行为。在下一章中，我们将研究有助于我们管理复杂结构的结构型模式。

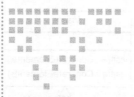

第 4 章

结构型模式

本章介绍结构型模式。结构型模式利用对象和类之间的关系来创建复杂结构。大多数结构型模式都基于继承。本章中关注以下 GOF 模式:

- 适配器模式
- 代理模式
- 装饰器模式
- 桥接模式
- 组合模式
- 外观模式
- 享元模式

还有其他一些结构型模式,这里无法详细介绍,但可以了解一下。如下所示:

- 标记接口:它使用空接口标记特定的类(例如 serializable),从而可以通过接口名称进行搜索。更多信息请阅读文章 http://thefinestartist.com/effective-java/37 的第 37 项——使用标记接口来定义类型,该部分参考了 Joshua Bloch 撰写的 Effective Java(第 2 版)内容。
- 模块:将类组合在一起以实现软件模块的概念。模块化体系结构包含多种模式,

Kirk Knoernschild 在 https://dzone.com/refcardz/patternsmodular-architecture 上以清晰的方式对其进行了解释。Java 9 中的模块就是这种模式的一个例子——请参阅 https://labs.consol.de/development/2017/02/13/getting-started-withjava9-modules.html 获取更多信息。

- 扩展对象：在运行时更改现有对象接口。更多信息请访问 http://www.brockmann-consult.de/beam-wiki/display/BEAM/Extension+Object+Pattern。
- 孪生模式：该模式为不支持它的语言添加了多个继承功能。虽然 Java 8 通过添加默认方法支持多种类型的继承。但是在某些情况下，孪生模式仍然有用。在 Java 设计模式网站 http://java-design-patterns.com/patterns/twin/ 上，对孪生模式有很好的描述。

4.1 适配器模式

适配器模式提供了一种代码重用的方案，即将已有的代码适配或者包装到一些新接口中，而这些接口是在最初设计代码的时候没有考虑到的。例如，在 1987 年设计 PS/2 端口时，没人会想到该端口会与 9 年后的 USB 总线设计有关联。但是，在最新一代的计算机中，我们只要将旧的 PS/2 键盘连到 USB 端口上，就仍然可以继续使用它。

适配器通常用于处理遗留代码，通过包装现有代码，使其适配新代码的接口，就可以立即访问旧的，已经过测试的功能。该模式可以使用多继承的方式实现，例如实现 Java 8 中的默认接口，也可以使用旧对象成为类属性的组合来实现。适配器模式也被称为包装器。

如果旧代码需要使用新代码，或者新代码使用旧代码的情况下，需要使用一个称为双向适配器的特殊适配器，它实现了两个接口（旧接口和新接口）。

JDK 中的 java.io.InputStreamReader 类和 java.io.OutputStreamWriter 类就是适配器，它们能够将 JDK1.0 中的输入/输出流对象适配到 JDK1.1 中的读/写对象中。

1. 目的

采用适配器模式的目的是将现有的旧接口转换成新的客户端接口，我们的目标是尽可能多地重用原来已经测试过的代码，并且可以对新接口自由地进行修改。

2. 实现

如图 4-1 所示的 UML 图模拟了新客户端代码与适配器客户端代码之间的交互。适配器模式通常通过使用多重继承的方式在其他语言中实现，一定程度上可以从 Java 8 开始实现。但在这里我们使用的是另一种方法——聚合法，它适用于较旧的 Java 版本，同时比继承更具限制性，因为我们的例子不会访问受保护的内容，只访问适配器公共接口。

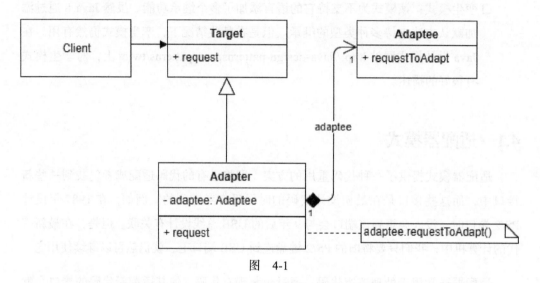

图 4-1

从实现图中我们可以看到适配器模式包含以下要素：

- Client：代码客户端。
- Adapter：将调用转发给 Adaptee 的适配器类。
- Adaptee：需要适配的旧代码。
- Target：支持的新接口。

3. 示例

以下代码模拟了 USB 总线中 PS/2 键盘的使用。它定义了一个 PS/2 键盘（adaptee）、一个 USB 设备接口（target）、一个 PS2 转 USB 的适配器（adapter）以及能使设备正常工作连接线：

```
package gof.structural.adapter;
import java.util.Arrays;
```

```
import java.util.Collections;
import java.util.List;
class WireCap
{
  WireCap link = WireCap.LooseCap;
  private Wire wire;
  publicstatic WireCap LooseCap = new WireCap(null);
  public WireCap(Wire wire)
  {
    this.wire = wire;
  }
  publicvoid addLinkTo(WireCap link)
  {
    this.link = link;
  }
  public Wire getWire()
  {
    return wire;
  }
  public String toString()
  {
    if (link.equals(WireCap.LooseCap))
    return "WireCap belonging to LooseCap";
    return "WireCap belonging to " + wire + " is linked to " +
    link.getWire();
  }
  public WireCap getLink()
  {
    return link;
  }
}
```

WireCap 类模型，顾名思义，表示每条线的两个末端。默认情况下，所有线都是宽泛松散的，因此需要一种方法来表示这一点。通过使用 Null 对象模式可以达到要求 –LooseCap 是我们的 null 对象（一个空替换，它不会抛出空指针异常 NullPointer-Exception）。看看这段代码：

```
class Wire
{
  private String name;
  private WireCap left;
  private WireCap right;
  public Wire(String name)
  {
    this.name = name;
    this.left = new WireCap(this);
    this.right = new WireCap(this);
  }
  publicvoid linkLeftTo(Wire link)
  {
    left.addLinkTo(link.getRightWireCap());
```

```
      link.getRightWireCap().addLinkTo(left);
    }
    public WireCap getRightWireCap()
    {
      return right;
    }
    publicvoid printWireConnectionsToRight()
    {
      Wire wire = this;
      while (wire.hasLinkedRightCap())
      {
        wire.printRightCap();
        wire = wire.getRightLink();
      }
    }
    public Wire getRightLink()
    {
      return getRightWireCap().getLink().getWire();
    }
    publicvoid printRightCap()
    {
      System.out.println(getRightWireCap());
    }
    publicboolean hasLinkedRightCap()
    {
      return !getRightWireCap().link.equals(WireCap.LooseCap);
    }
    public String getName()
    {
      return name;
    }
    public String toString()
    {
      return "Wire " + name;
    }
}
```

Wire 类为 USB 或 PS/2 设备的线缆模型。默认情况下，有两个宽泛的端口，代码如下所示：

```
class USBPort
{
  publicfinal Wire wireRed = new Wire("USB Red5V");
  publicfinal Wire wireWhite = new Wire("USB White");
  publicfinal Wire wireGreen = new Wire("USB Green");
  publicfinal Wire wireBlack = new Wire("USB Black");
}
```

根据 USB 规范，USB 端口一共有四条线——用于数据传输的 5V 红色、绿色和白色线，以及用于接地的黑色线。代码如下所示：

```
interface PS2Device
{
  staticfinal String GND = "PS/2 GND";
```

```
  staticfinal String BLUE = "PS/2 Blue";
  staticfinal String BLACK = "PS/2 Black";
  staticfinal String GREEN = "PS/2 Green";
  staticfinal String WHITE = "PS/2 White";
  staticfinal String _5V = "PS/2 5V";
  public List<Wire> getWires();
  publicvoid printWiresConnectionsToRight();
}
class PS2Keyboard implements PS2Device
{
  publicfinal List<Wire> wires = Arrays.asList(
  new Wire(_5V),
  new Wire(WHITE),
  new Wire(GREEN),
  new Wire(BLACK),
  new Wire(BLUE),
  new Wire(GND));
  public List<Wire> getWires()
  {
    return Collections.unmodifiableList(wires);
  }
  publicvoid printWiresConnectionsToRight()
  {
    for(Wire wire : wires)
    wire.printWireConnectionsToRight();
  }
}
```

PS2Keyboard 是适配器，是需要使用的旧设备，代码如下所示：

```
interface USBDevice
{
  publicvoid plugInto(USBPort port);
}
```

USBDevice 是目标接口，它知道如何与一个 USB 端口对接，代码如下所示：

```
class PS2ToUSBAdapter implements USBDevice
{
  private PS2Device device;
  public PS2ToUSBAdapter(PS2Device device)
  {
    this.device = device;
  }
  publicvoid plugInto(USBPort port)
  {
    List<Wire> ps2wires = device.getWires();
    Wire wireRed = getWireWithNameFromList(PS2Device._5V,
    ps2wires);
    Wire wireWhite = getWireWithNameFromList(PS2Device.WHITE,
    ps2wires);
    Wire wireGreen = getWireWithNameFromList(PS2Device.GREEN,
    ps2wires);
    Wire wireBlack = getWireWithNameFromList(PS2Device.GND,
    ps2wires);
```

```java
    port.wireRed.linkLeftTo(wireRed);
    port.wireWhite.linkLeftTo(wireWhite);
    port.wireGreen.linkLeftTo(wireGreen);
    port.wireBlack.linkLeftTo(wireBlack);
    device.printWiresConnectionsToRight();
  }
  private Wire getWireWithNameFromList(String name, List<Wire>
  ps2wires)
  {
    return ps2wires.stream()
    .filter(x -> name.equals(x.getName()))
    .findAny().orElse(null);
  }
}
```

PS2ToUSBAdapter 是适配器类，它知道如何进行布线，以便新 USBPort 仍然可以使用旧设备，代码如下所示：

```java
publicclass Main
{
  publicstaticvoid main (String[] args)
  {
    USBDevice adapter = new PS2ToUSBAdapter(new PS2Keyboard());
    adapter.plugInto(new USBPort());
  }
}
```

输出结果如图 4-2 所示：

```
<terminated> Main (6) [Java Application] C:\Program Files\Java\jdk-9\bin\javaw.exe (Jul 24, 2017, 12:09:17 AM)
WireCap belonging to Wire PS/2 5V is linked to Wire USB Red5V
WireCap belonging to Wire PS/2 White is linked to Wire USB White
WireCap belonging to Wire PS/2 Green is linked to Wire USB Green
WireCap belonging to Wire PS/2 GND is linked to Wire USB Black
```

图 4-2

正如所料，设备连接到 USB 端口后随时可以使用。所有的布线都已完成，例如，如果将 USB 端口的红线设置为 5 伏，则能够向键盘传送数据，同时键盘也可以通过绿线发送数据到达 USB 端口。

4.2 代理模式

每当使用 Enterprise 或 Spring bean，模拟实例和实现 AOP 时，对具有相同接口的另一个对象进行 RMI 或 JNI 调用，或直接 / 间接使用 java.lang.reflect.Proxy 时，就会涉及一个代理对象。它的目的是为真实对象提供一个代理对象，二者占用的内存一样。在调用前后执行其他操作时，由代理对象代理原对象的工作。代理模式可以分为以下几类：

- 远程代理：就是将工作委托给远程对象（不同的进程，不同的机器）来完成，例如企业 Bean。通过手动或自动使用 JNI 包装现有的非 Java 旧代码（如 C/C++）是远程代理模式的一种形式（比如通过使用 SWIG 生成粘合代码 – 请参阅 http://www.swig.org/Doc1.3/Java.html # imclass），它使用句柄（C/C++ 中的指针）来访问实际对象。
- 保护代理：该模式主要进行安全 / 权限检查。
- 缓存代理：它使用存储来加速调用。一个很好的例子是 Spring 中的 @Cacheable 方法，它能够缓存特定参数的方法的结果，再次调用该方法时，会直接从缓存返回先前计算的结果，而不调用实际代码。
- 虚拟和智能代理：这种模式为方法增加了功能，例如记录性能指标（创建 @Aspect，使用 @Pointcut 表示所需方法并定义 @Around 建议）或进行延迟初始化。

适配器模式和代理模式之间的主要区别在于代理模式提供了完全相同的接口。装饰器模式增强了接口，而适配器模式更改了接口。

1. 目的

代理模式提供一个实际对象的代理，以便更好地控制实际对象。它是一个功能行为类似实际对象的句柄，从而使客户端代码能够像使用实际对象一样使用它。

2. 实现

图 4-3 模拟了代理模式，由于实际对象和代理对象都实现了相同的接口，它们之间可以相互转换。

从实现图中可以看到代理模式包含以下几项要素：

- Subject（共同接口）：客户端使用的现有接口。
- RealSubject（真实对象）：真实对象的类。
- ProxySubject（代理对象）：代理类。

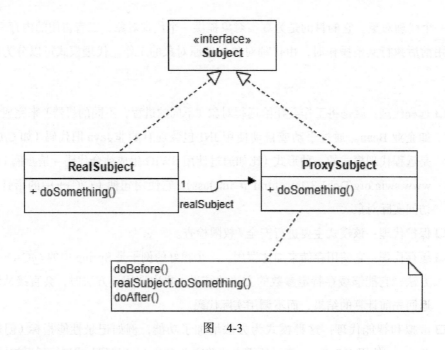

图 4-3

3. 示例

下面的代码模拟了一个从本地主机 EJB 的上下文查找 bean 的远程代理，这个远程代理是运行在另一个 JVM 中的几何计算器。我们将使用工厂方法来生成代理对象和真实对象，以表明它们是可互换的。因为代理中模拟了 JNI 的部分检索以及发送/获取结果的功能，所以代理版本需要更长的时间来计算：

```
package gof.structural.proxy;
publicclass Main
{
  publicstaticvoid main (String[] args) throws java.lang.Exception
  {
    GeometryCalculatorBean circle = GeometryCalculatorBeanFactory.
    REMOTE_PROXY.makeGeometryCalculator();
    System.out.printf("Circle diameter %fn",
    circle.calculateCircleCircumference(new Circle()));
  }
}
class Circle
{}
interface GeometryCalculatorBean
{
  publicdouble calculateCircleCircumference(Circle circle);
}
```

这是对象，是我们想要实现的接口。它模拟了 @RemoteInterface 和 @LocalInterface

接口的建模，代码如下所示：

```
class GeometryBean implements GeometryCalculatorBean
{
  publicdouble calculateCircleCircumference(Circle circle)
  {
    return 0.1f;
  }
}
```

这是真实对象，它知道如何执行实际的几何计算，代码如下所示：

```
class GeometryBeanProxy implements GeometryCalculatorBean
{
  private GeometryCalculatorBean bean;
  public GeometryBeanProxy() throws Exception
  {
    bean = doJNDILookup("remote://localhost:4447", "user",
    "password");
  }
  private GeometryCalculatorBean doJNDILookup
  (final String urlProvider, final String securityPrincipal, final
  String securityCredentials)
  throws Exception
  {
    System.out.println("Do JNDI lookup for bean");
    Thread.sleep(123);//simulate JNDI load for the remote location
    return GeometryCalculatorBeanFactory.LOCAL.
    makeGeometryCalculator();
  }
  publicdouble calculateCircleCircumference(Circle circle)
  {
    return bean.calculateCircleCircumference(circle);
  }
}
```

这是代理对象。值得注意的是代理对象没有业务逻辑，它在建立起一个句柄后，会将业务请求委托给真实对象来处理，代码如下所示：

```
enum GeometryCalculatorBeanFactory
{
  LOCAL
  {
    public GeometryCalculatorBean makeGeometryCalculator()
    {
      returnnew GeometryBean();
    }
  },
  REMOTE_PROXY
  {
    public GeometryCalculatorBean makeGeometryCalculator()
    {
      try
      {
        returnnew GeometryBeanProxy();
```

```
      }
      catch (Exception e)
      {
        // TODO Auto-generated catch block
        e.printStackTrace();
      }
      returnnull;
    }
  };
  publicabstract GeometryCalculatorBean makeGeometryCalculator();
}
```

图 4-4 显示代理设法链接到实际对象并执行所需的计算。

```
<terminated> Main (1) [Java Application] C:\Program Files\Java\jdk-9\bin\javaw.exe (Jul 24, 2017, 12:10:13 AM)
Do JNDI lookup for bean
Circle diameter 0.100000
```

图 4-4

4.3 装饰器模式

有时需要在现有代码中添加或删除一些功能，同时对现有的代码结构不会造成影响，并且这些删除或者增加的功能又不足以做成一个子类。这种情况下装饰器模式就会派上用场，因为它能够在不改变现有代码的情况下满足我们的需求。装饰器聚合了它将要装饰的原有对象，实现了与原有对象相同的接口，代理委托原有对象的所有公共接口调用，并且在子类中实现新增的功能，从而达到了上述目的。一般将此模式应用于具有轻量级接口的类。装饰器模式另一种不错的应用方式是将期望的策略注入组件（策略模式），从而扩展功能。这只对特定方法进行局部的改变，而不需要重新实现一个新的方法。

被装饰对象及其装饰器是可互换的。装饰器的接口必须完全符合被装饰对象的接口。

由于它使用递归，可以通过组成装饰器来实现新的功能。在这个方面，装饰器模式类似于组合模式，也就是按照意图将多个对象组合成一个统一的复杂结构。装饰器可以看作是某一幅裱好的画上的一块玻璃或一幅画框，其中画中的图片/照片本身就是被装饰的对象，而策略从另一个角度可以被视为艺术家在该图片/照片上的签名。

JScrollPane swing 类是装饰器的一个例子，因为它允许围绕现有容器添加新的功能，而且可以多次使用，例如滚动条，代码如下所示：

```
JTextArea textArea = new JTextArea(10, 50);
JScrollPane scrollPane1 = new JScrollPane(textArea);
JScrollPane scrollPane2 = new JScrollPane(scrollPane1);
```

1. 目的

装饰器模式的目的是动态扩展现有对象的功能而不更改原有代码。它能够适配原始接口，并且使用组合而不是子类化来扩展功能。

2. 实现

图 4-5 对装饰器模式进行了说明，图中表明扩展组件和被装饰的组件可以相互替换。装饰器可以递归使用，它可以应用于现有组件的实现，同时也能被另一个装饰引用，甚至自己引用自己。装饰器接口并不固定于组件接口，它可以添加额外的方法，可以由装饰器的子类使用。

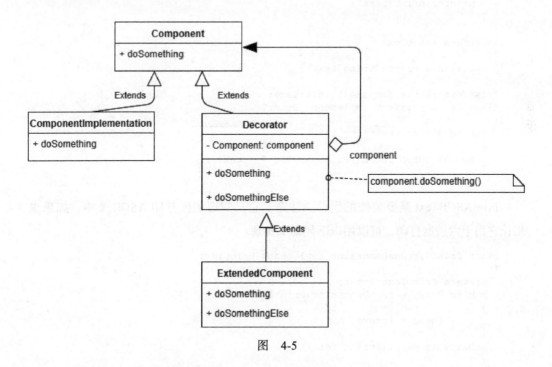

图 4-5

从实现图中我们可以看到装饰器模式包含以下要素：

- Component：这是抽象组件（它可以是一个接口）。
- ComponentImplementation：这是我们想装饰的组件之一。
- Decorator：这是一个抽象的组件装饰器。
- ExtendedComponent：这是添加额外功能的组件装饰器。

3. 示例

下面的代码展示了如何将一个简单打印 ASCII 文本的功能，扩展到既能打印 ASCII 文本又能转换为十六进制字符串输出的功能：

```java
package gof.structural.decorator;
import java.util.stream.Collectors;
publicclass Main
{
  publicstaticvoid main (String[] args) throws java.lang.Exception
  {
    final String text = "text";
    final PrintText object = new PrintAsciiText();
    final PrintText printer = new PrintTextHexDecorator(object);
    object.print(text);
    printer.print(text);
  }
}
interface PrintText
{
  publicvoid print(String text);
}
PrintText is the component interface:
class PrintAsciiText implements PrintText
{
  publicvoid print(String text)
  {
    System.out.println("Print ASCII: " + text);
  }
}
```

PrintASCIIText 是要装饰的组件。注意，它只知道如何打印 ASCII 文本。如果也想让它用十六进制打印，可以用以下代码来实现：

```java
class PrintTextHexDecorator implements PrintText
{
  private PrintText inner;
  public PrintTextHexDecorator(PrintText inner)
  {
    this.inner = inner;
  }
  publicvoid print(String text)
  {
    String hex = text.chars()
      .boxed()
```

```
        .map(x -> "0x" + Integer.toHexString(x))
        .collect(Collectors.joining(" "));
    inner.print(text + " -> HEX: " + hex);
  }
}
```

PrintTextHexDecorator 是装饰器，它也可以应用于其他 PrintText 组件。假设要实现一个组件 PrintToUpperText，仍然可以使用现有的装饰器使其打印十六进制。

图 4-6 显示当前功能（ASCII 显示）以及新添加的功能（十六进制显示）。

```
<terminated> Main (2) [Java Application] C:\Program Files\Java\jdk-9\bin\javaw.exe (Jul 24, 2017, 4:30:07 PM)
Print ASCII: text
Print ASCII: text -> HEX: 0x74 0x65 0x78 0x74
```

图 4-6

4.4 桥接模式

在软件设计的过程中，我们可能面临的问题是同一个抽象可以有多个实现。这种现象在进行跨平台开发时是很常见的，Linux 上的换行符或 Windows 上的注册表就是例子。这时候，一个需要通过运行特定 OS 调用来获取特定系统信息的 Java 实现就必然会被改写。一种方法是使用继承，但这样会把子类与特定接口绑定，而这个接口可能并不支持跨平台使用。

在这些情况下，建议使用桥接模式，因为它可以避免扩展了特定抽象的类增长导致嵌套泛化（这是 Rumbaugh 创造的术语，是指使用继承或因为多层次继承导致系统类的组合个数急剧增加）。如果所有子类都同等重要并且多个接口对象使用相同的实现方法，则表明采用桥接模式是可行的。如果由于某种原因造成许多代码被重用，则表明该模式不是解决此类问题的正确方案。

1. 目的

桥接模式的目标是将抽象与实现解耦，使得二者可以独立地变化。它通过在公共接口和实现中使用继承来达到目的。

2. 实现

图 4-7 是桥接模式的实现结构。接口和实现代码的抽象部分和实现部分都能变化，

例如，抽象类 Refined 能够使用 SpecificImplementation 内部提供的 doImplementation3() 方法。

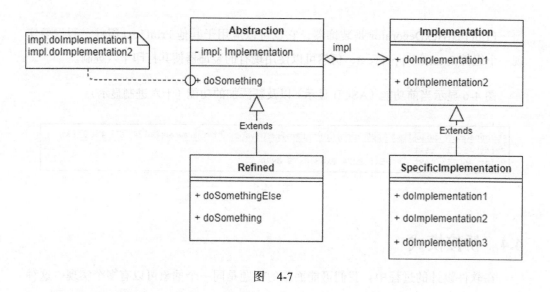

图 4-7

从实现图中我们可以看到桥接模式包含以下要素：

- Abstraction：抽象类。
- Implementation：抽象的实现类。
- Refined：扩充的抽象类。
- SpecificImplementation：具体实现类。

3. 示例

以下代码介绍了一个使用基于运行平台实现的电子邮件客户端。该客户端具有利用工厂方法模式创建特定平台实现的增强功能：

```
package gof.structural.bridge;
publicclass Main
{
  publicstaticvoid main (String[] args)
  {
    new AllMessageClient(new WindowsImplementation())
      .sendMessageToAll("abc@gmail.com", "Test");
  }
}
interface PlatformBridge
```

```
{
  publicvoid forwardMessage(String msg);
}
```

PlatformBridge 是我们需要实现的抽象类接口。它指定每个实现需要提供的内容 – 在下面的例子中，实现的 Windows 和 POSIX 都知道如何转发由文本给出的消息。

```
class WindowsImplementation implements PlatformBridge
{
  publicvoid forwardMessage(String msg)
  {
    System.out.printf("Sending message n%s nFrom the windows
    machine", msg);
  }
}
class PosixImplementation implements PlatformBridge
{
  publicvoid forwardMessage(String msg)
  {
    System.out.printf("Sending message n%s nFrom the linux
    machine", msg);
  }
}
class MessageSender
{
  private PlatformBridge implementation;
  public MessageSender(PlatformBridge implementation)
  {
    this.implementation = implementation;
  }
  publicvoid sendMessage(String from, String to, String body)
  {
    implementation.forwardMessage(String.format("From :
    %s nTo : %s nBody : %s", from, to, body));
  }
}
```

抽象类 MessageSender 利用平台的具体实现发送消息。扩充的抽象类 AllMessage-Client 向指定组（development_all@abc.com）发送消息。其他可能扩充的抽象类包括平台具体的代码和对平台实现的调用。代码如下：

```
class AllMessageClient extends MessageSender
{
  private String to = "development_all@abc.com";
  public MyMessageClient(PlatformBridge implementation)
  {
    super(implementation);
  }
  publicvoid sendMessageToAll(String from, String body)
  {
    sendMessage(from, to, body);
  }
}
```

图 4-8 显示所有消息客户端使用 Windows 实现发送消息。

```
<terminated> Main (7) [Java Application] C:\Program Files\Java\jdk-9\bin\javaw.exe (Jul 24, 2017, 12:11:16 AM)
Sending message
From : abc@gmail.com
To : development_all@abc.com
Body : Test
From the windows machine
```

图 4-8

4.5 组合模式

组合模式，顾名思义，是把一组对象组合为一个复杂的单一整体（如图 4-9 所示）。在结构内部，一般使用树、图、数组或者链表等数据结构来组合对象以呈现整体层次。

JVM 提供了组合模式的最佳示例，它通常是利用堆栈的原理实现（出于可移植性的原因）。各种操作从当前线程堆栈中推入和弹出。例如，要计算 1 + 4 − 2 等于多少时，1 和 4 会被放入堆栈并执行加法操作，得到结果为 5 后，再将 2 放入堆栈执行减法，得到结果为 3，然后将 3 从堆栈弹出。运算表达式 1 + 4 + 2 −（逆波兰表达式）可以很容易地呈

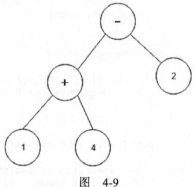

图 4-9

现组合模式是如何使用的，其中每个节点要么是值、复杂值，要么是操作数。每个节点都有一个执行方法来根据执行类型执行相关操作（推入、执行、弹出或者合并）。

组合模式使用了递归组合的机制，由客户端代码以同样的方式来对对象的各个部分，叶子或者节点进行处理。

1. 目的

组合模式的目的是将对象组合成树形或图形结构，使得用户对单个对象和组合对象的使用具有一致性。客户端代码不需要知道节点是单个对象（叶子节点）还是组合对象（具有子节点的节点，如根节点），它可以抽象出这些细节，并对其进行统一处理。

2. 实现

图 4-10 显示了客户端使用组件接口 doSomething() 方法。该方法在根节点和叶节点中具有不同的实现。根节点可以有 1 到 n 个子节点，而叶子节点没有子节点，当子节点的数量是 2 并且没有回环时，就构成了二叉树。

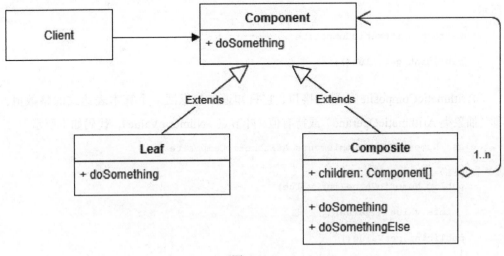

图 4-10

我们可以在实现图中看到组合模式包含以下要素：

- Client：客户端代码。
- Component：抽象节点。
- Leaf：叶子节点。
- Composite：复合节点，该节点包括复合节点的子节点或者叶子节点的子节点。

3. 示例

下面的代码模拟算术表达式计算器。表达式被构造为一个组合体，并且只有一个方法—getValue，该方法给出了当前值。对于叶子节点，它是叶子数值，对于复合节点，它是各子节点的组合值：

```
package gof.structural.composite;
publicclass Main
{
    publicstaticvoid main (String[] args) throws java.lang.Exception
```

```
    {
      ArithmeticComposite expr = new MinusOperand(
      new PlusOperand(new NumericValue(1), new NumericValue(4)),
      new NumericValue(2));
      System.out.printf("Value equals %dn", expr.getValue());
    }
}
```

客户端代码创建一个（1+4）-2 的算术表达式并打印表达式的值，代码如下所示：

```
interface ArithmeticComposite
{
  publicint getValue();
}
```

ArithmeticComposite 是组合接口，它只知道如何返回一个算术表达式的整数值，即（抽象类 ArithmeticOperand）或持有值（叶节点 –NumericValue），代码如下所示：

```
class NumericValue implements ArithmeticComposite
{
  privateint value;
  public NumericValue(int value)
  {
    this.value = value;
  }
  publicint getValue()
  {
    return value;
  }
}
abstractclass ArithmeticOperand implements ArithmeticComposite
{
  protected ArithmethicComposite left;
  protected ArithmethicComposite right;
  public ArithmethicOperand(ArithmeticComposite left,
  ArithmeticComposite right)
  {
    this.left = left;
    this.right = right;
  }
}
class PlusOperand extends ArithmeticOperand
{
  public PlusOperand(ArithmeticComposite left,
  ArithmeticComposite right)
  {
    super(left, right);
  }
  publicint getValue()
  {
    return left.getValue() + right.getValue();
  }
}
```

```
class MinusOperand extends ArithmeticOperand
{
  public MinusOperand(ArithmeticComposite left,
  ArithmeticComposite right)
  {
    super(left, right);
  }
  publicint getValue()
  {
    return left.getValue() - right.getValue();
  }
}
```

PlusOperand 和 MinusOperand 是当前支持的算术类型。它们负责进行加号（+）和减号（–）算术运算。

正如预期的那样，（1 + 4）– 2 算术表达式返回计算结果为 3 并且被打印到了控制台，如图 4-11 所示。

```
<terminated> Main (4) [Java Application] C:\Program Files\Java\jdk-9\bin\javaw.exe (Jul 24, 2017, 12:29:33 AM)
Value equals 3
```

图 4-11

4.6 外观模式

许多复杂的系统可以简化为几个子系统暴露的用例接口，这样可以让客户端代码不需要知道子系统的内部结构与联系。换句话说，客户端代码和复杂的子系统解耦，并且能让开发人员更简单地使用子系统，这被称为外观模式，其中外观对象负责暴露所有子系统的功能。和隐藏了对象的内部结构和逻辑的封装类似，外观模式隐藏了子系统的复杂内部结构，只向外提供可访问的通用接口，这样做的结果是用户只能访问由外观模式向外提供的功能，无法随意使用或者重用子系统内部的某些具体功能函数。

外观模式需要适配多个内部子系统接口到一个客户端代码接口上，它通过创建一个新的接口来实现这一点，该新接口由适配器模式来适配现有接口（有时需要多个旧类来为新代码提供所需功能）。外观之于结构，就像中介之于对象通信一样——将操作统一化和简单化。在第一种情况下，客户端代码通过外观模式访问一个子系统功能；在第二种情况下,彼此间不了解的对象(松耦合)可以通过使用中介或者服务商进行交流与沟通。

1. 目的

目的是为复杂的子系统提供单一的统一接口。通过为最重要的用例提供接口,能够简化大型和复杂系统的使用。

2. 实现

图 4-12 显示了如何简化子系统的使用并将其与客户端代码分离。Facade 是子系统的切入点,可以看到,子系统代码可以很容易地切换到不同的实现,客户端依赖关系也可以管理得更轻松更明显。

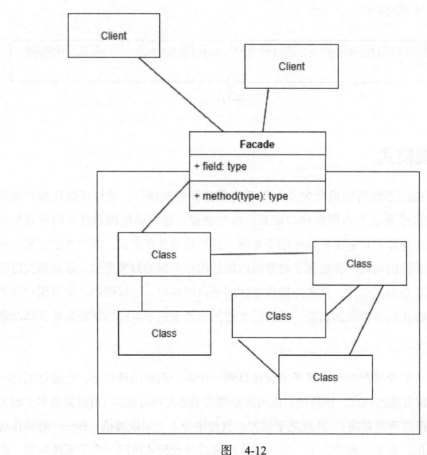

图 4-12

从实现图中我们可以看到外观模式包含以下几项要素：

- Client：子系统客户端代码。
- Facade：子系统接口。
- Subsystem：子系统中定义的类。

3. 示例

咖啡机就像咖啡研磨机和咖啡酿造机的外观界面，因为咖啡机隐藏了二者的内部功能。下面的代码模拟了一个咖啡机研磨咖啡豆，煮咖啡，并将咖啡放入咖啡杯里的过程。

从下面的代码中可以看出一个问题，我们不能得到细粒度的研磨咖啡（必须再研磨久一些），因为 serveCoffee() 方法只知道如何制作粗粒度的研磨咖啡，这对某一些喝咖啡的人来说可能没问题，但不是所有的人都会满意：

```
package gof.structural.facade;
publicclass Main
{
  publicstaticvoid main (String[] args) throws java.lang.Exception
  {
    CoffeeMachineFacade facade = new SuperstarCoffeeMachine();
    facade.serveCoffee();
  }
}
class GroundCoffee
{}
class Water
{}
class CoffeeCup
{}
```

GroundCoffee、Water 和 CoffeeCup 是我们将要使用的项目类：

```
interface CoffeeMachineFacade
{
  public CoffeeCup serveCoffee() throws Exception;
}
```

CoffeeMachineFacade 是我们的外观类。它提供了一个单一的方法，该方法返回一个含有 Coffee 的 CoffeCup：

```
interface CoffeeGrinder
{
  publicvoid startGrinding();
  public GroundCoffee stopGrinding();
}
```

```java
interface CoffeeMaker
{
  publicvoid pourWater(Water water);
  publicvoid placeCup(CoffeeCup cup);
  publicvoid startBrewing(GroundCoffee groundCoffee);
  public CoffeeCup finishBrewing();
}
class SuperstarCoffeeGrinder implements CoffeeGrinder
{
  publicvoid startGrinding()
  {
    System.out.println("Grinding...");
  }
  public GroundCoffee stopGrinding ()
  {
    System.out.println("Done grinding");
    returnnew GroundCoffee();
  }
}
class SuperstarCoffeeMaker implements CoffeeMaker
{
  public CoffeeCup finishBrewing()
  {
    System.out.println("Done brewing. Enjoy!");
    returnnull;
  }
  @Override
  publicvoid pourWater(Water water)
  {
    System.out.println("Pouring water...");
  }
  @Override
  publicvoid placeCup(CoffeeCup cup)
  {
    System.out.println("Placing the cup...");
  }
  @Override
  publicvoid startBrewing(GroundCoffee groundCoffee)
  {
    System.out.println("Brewing...");
  }
}
```

为了制作咖啡，我们会使用不同的机器，例如咖啡研磨机和咖啡机，它们都是 Superstar Inc. 的产品。外观机是虚拟机，它只是现有机器的接口，并且知道如何使用现有的机器。遗憾的是，它不是高度可配置的，但它可以满足大多数咖啡饮用者的需求。让我们看看这段代码：

```java
class SuperstarCoffeeMachine implements CoffeeMachineFacade
{
  public CoffeeCup serveCoffee() throws InterruptedException
  {
```

```
    CoffeeGrinder grinder = new SuperstarCoffeeGrinder();
    CoffeeMaker brewer = new SuperstarCoffeeMaker();
    CoffeeCup cup = new CoffeeCup();
    grinder.startGrinding();
    Thread.sleep(500);//wait for grind size coarse
    brewer.placeCup(cup);
    brewer.pourWater(new Water());
    brewer.startBrewing(grinder.stopGrinding());
    Thread.sleep(1000);//wait for the brewing process
    return brewer.finishBrewing();
  }
}
```

图 4-13 显示我们的外观机正在制作晨咖啡。

```
<terminated> Main (3) [Java Application] C:\Program Files\Java\jdk-9\bin\javaw.exe (Jul 24, 2017, 8:10:08 AM)
Grinding...
Placing the cup...
Pouring water...
Done grinding
Brewing...
Done brewing. Enjoy!
```

图 4-13

4.7 享元模式

创建对象需要花费时间和资源。最好的例子是创建 Java 常量字符串如 Boolean.valueOf（boolean b）或 Character valueOf（char c），因为从不创建实例，它们返回的是不可变的缓存实例。应用程序使用对象池来达到加速的目的（并且保持较低的内存占用率）。对象池模式和享元模式的区别在于，对象池模式（创建者模式）是保存可变域对象的容器，而享元模式（结构模式）是不可变域对象。由于是不可变的，因此它们的内部状态是在创建时设置的，并且在每个方法调用时从外部给出外部状态。

大多数 Web 应用程序使用连接池 – 创建 / 获取、使用数据库连接并将其发送回池。这种模式非常常见，称为：Connection Flyweight（请参阅 http://wiki.c2.com/?Connection-Flyweight）。其他资源也使用对象池，如 sockets 或线程（线程池模式）。

享元模式和外观模式之间的区别在于，享元模式知道如何制作很多小对象，而后者使单个对象简化并隐藏由许多对象组成的子系统的复杂性。

1. 目的

目的是通过在相似对象之间共享状态来减少内存占用。只有把数量庞大的对象减少到少数具有代表性的、不依赖于对象相等的对象，并且它们的状态能够被外部化，才能够实现这一目的。

2. 实现

图 4-14 显示了享元对象往返对象池的功能，它需要作为参数传递的外部状态（外部）。一些享元对象可以与其他对象共享状态，但这不是强制规则。

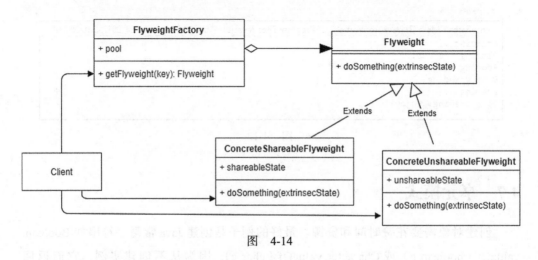

图 4-14

我们可以在实现图中看到享元模式包含以下要素：

- Client：客户端代码。
- FlyweightFactory：享元工厂类。如果享元对象不存在则创建它们，如果存在则返回它们。
- Flyweight：抽象享元类。
- ConcreateShareableFlyweight：与其同伴共享状态的享元对象。
- ConcreateUnshareableFlyweight：不共享其状态的享元对象。它可以由多个具体的享元对象组成——例如一个由 3D 立方体和球体组成的结构。

3. 示例

下面的代码使用附加的物理引擎模拟一个 3D 世界。创建新的 3D 对象很耗费内存和成本，创建的这些对象是一样的，只是从一个地方移动到另一个地方而已。设想一个拥有大量岩石，树木，灌木丛和不同纹理的 3D 世界，我们通过存储一种岩石，一棵树，一种灌木的模型（它们之间可以共享一些纹理）并且只需记住它们的位置，就可以节省大量的存储空间，并且仍然能够绘制出相当大的地形：

```java
package gof.structural.flyweight;
import java.util.ArrayList;
import java.util.List;
import java.util.Map;
import java.util.concurrent.ConcurrentHashMap;
import java.util.stream.Collectors;
publicclass Main
{
  publicstaticvoid main (String[] args) throws java.lang.Exception
  {
    World world = new World();
    world.get3DObject(_3DObjectTypes.Cube).makeVisible().
    move(10d, -13.3d, 90.0d);
    world.get3DObject(_3DObjectTypes.Sphere).makeVisible().
    move(11d, -12.9d, 90.0d);
    world.get3DObject(_3DObjectTypes.Cube).makeVisible().
    move(9d, -12.9d, 90.0d);
  }
}
enum _3DObjectTypes
{
  Cube,
 Sphere
}
```

我们的 3D 世界目前仅由立方体和球体构成，它们可以组合在一起形成更复杂的形式，代码如下所示：

```java
class PhysicsEngine
{
  publicvoid animateCollision(_3DObject collider, _3DObject collidee)
  {
    System.out.println("Animate Collision between " + collider +
    " and " + collidee);
  }
}
class World
{
  private PhysicsEngine engine = new PhysicsEngine();
  private Map<String, _3DObject> objects = new ConcurrentHashMap<>();
  private Map<String, Location> locations = new ConcurrentHashMap<>();
  public _3DObject get3DObject(_3DObjectTypes type)
  {
    String name = type.toString();
    if (objects.containsKey(name))
```

```
      return objects.get(name);
    _3DObject obj = make3DObject(type);
    objects.put(obj.getName(), obj);
    return obj;
  }
  private _3DObject make3DObject(_3DObjectTypes type)
  {
    switch (type)
    {
      caseCube:
      returnnew Cube(this, type.toString());
      caseSphere:
      returnnew Sphere(this, type.toString());
      default:
      returnnew _3DObject(this, type.toString());
    }
  }
  publicvoid move(_3DObject obj, Location location)
  {
    final List<String> nearObjectNames = getNearObjects(location);
    locations.put(obj.getName(), location);
    for (String nearObjectName: nearObjectNames)
    {
      engine.animateCollision(objects.get(nearObjectName), obj);
    }
  }
  private List<String> getNearObjects(Location location)
  {
    if (objects.size() < 2)
    returnnew ArrayList<>();
    return objects.values().stream()
      .filter(obj ->
      {
        Location loc = locations.get(obj.getName());
        return loc != null && loc.isNear(location, 1);
      })
      .map(obj -> obj.getName())
      .collect(Collectors.toList());
  }
}
```

World 类表示享元工厂，它知道如何构建它们并将自身作为外部状态传递。除了渲染部分之外，World 类还利用了一种昂贵的物理引擎，该引擎知道如何模拟碰撞。一起来看代码：

```
class _3DObject
{
  private World world;
  private String name;
  public _3DObject(World world, String name)
  {
    this.world = world;
    this.name = name;
```

```
    }
    public String getName()
    {
      return name;
    }
    @Override
    public String toString()
    {
      return name;
    }
    public _3DObject makeVisible()
    {
      returnthis;
    }
    publicvoid move(double x, double y, double z)
    {
      System.out.println("Moving object " + name + " in the world");
      world.move(this, new Location(x, y, z));
    }
}
class Cube extends _3DObject
{
  public Cube(World world, String name)
  {
    super(world, name);
  }
}
class Sphere extends _3DObject
{
  public Sphere(World world, String name)
  {
    super(world, name);
  }
}
```

Sphere 和 Cube，是享元 3D 对象，是没有标识的，World 类知道它们的标识和属性（位置、颜色、纹理和大小）。看看这段代码：

```
class Location
{
  public Location(double x, double y, double z)
  {
    super();
  }
  publicboolean isNear(Location location, int radius)
  {
    returntrue;
  }
}
```

如图 4-15 所示的输出表明，即使 3D 世界中已经存在一个 cube，添加另一个 cube 也将使其与现有对象（另一个 cube 和 sphere）发生冲突。它们都没有身份标识，都是同一类型的代表。

```
<terminated> Main (5) [Java Application] C:\Program Files\Java\jdk-9\bin\javaw.exe (Jul 24, 2017, 11:21:08 PM)
Moving object Cube in the world
Moving object Sphere in the world
Animate Collision between Cube and Sphere
Moving object Cube in the world
Animate Collision between Sphere and Cube
Animate Collision between Cube and Cube
```

图 4-15

4.8 总结

本章我们了解了 GoF 结构模式以及这些结构模式的介绍和目的，并用实例代码说明了它们的用法。知道了为什么，什么时候以及如何使用结构型模式，并且研究了它们之间的细微差别，我们还简要介绍了其他鲜为人知的结构模式。

在下一章，我们将看到其中一些模式在丰富多彩的世界中是如何变化的。

第 5 章

函数式编程

本章学习函数式编程。当前大部分重要的编程语言都支持函数式编程，本章还会学习函数式编程风格给传统设计模式带来的改变。Java 8 引入了一些函数特性，这些特性深化了抽象概念，影响了某些面向对象设计模式的实现方式，甚至使某些模式变得无关紧要。在本章中，我们将看到新的语言特性如何更改甚至替换现有的设计模式。Peter Norvig 在《动态语言中的设计模式》一文中提到，动态语言（比如 Dylan）中的语言特性可以替换现有 23 种设计模式中的 16 种，使它们更加简单，你可以在 http://norvig.com/design-patterns/ 中查看完整文章。本章我们将进一步了解哪些内容能够被替换，以及新生模式包含的内容和实现方式。正如 Peter Norvig 在他的论文中所说，"很久以前，调用子程序只是一种模式"，随着编程语言的发展，旧的设计模式正在发生着变化。

为了能运行本章中的代码，我们将使用 Java 中提供的 JShell REPL 程序，该程序可以通过 Linux 上的 $ JAVA_HOME bin/jshell 或 Windows 的 %JAVA_HOME%/bin/jshell.exe 访问。

5.1 函数式编程简介

20 世纪 30 年代，数学家 Alonzo Church 发明了 lambda 演算，这是函数式编程范式的开始,它为函数式编程提供了理论基础。接下来 John McCarthy 在 1958 年设计了 LISP(List Programming 的简称)语言。LISP 是第一种函数式编程语言,它的一些方言如 Common LISP,至今仍在被使用。

在函数式编程中(通常缩写为 FP),函数是"一等公民",这意味着软件由函数组合而成,而不是像面向对象编程中那样由对象组合生成。通过函数组合、变量不可变、无副作用和数据共享等机制来实现 Tell don't ask(只告诉代码如何做,不问它们的状态)。这种方式使代码更加简洁,能够灵活应对修改,具有结果可预见性,并且易于业务人员阅读和维护。

函数式编程的代码具有更高的信噪比。在面向对象编程中,我们必须要编写更少的代码来实现相同的效果。通过避免副作用和数据状态改变,依靠数据转换,系统变得更加简单,更易于调试和修复。另一个好处是结果可预见性,我们知道,同样的函数针对相同的输入总是会产生相同的输出;因此,它也可以用于并行计算,在任何其他函数之前或之后调用(CPU/编译器不需要对调用顺序进行提前假设),返回值经过计算后可以马上进入缓存,从而提高性能。

作为一种声明式编程方式,它更多地关注于应该实现什么,与命令式风格的编程方式形成鲜明对比,后者更注重于怎样实现。示例流程如图 5-1 所示。

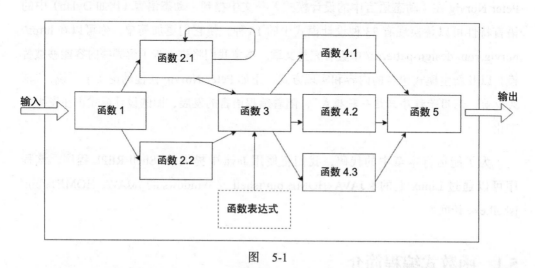

图 5-1

函数式编程范式使用了以下观点和原则:

- lambda 表达式
- 纯函数
- 引用透明性
- 初等函数
- 高阶函数
- 组合
- 柯里化
- 闭包
- 不可变性
- 函子
- 加强版函子
- 单子

5.1.1　lambda 表达式

lambda 表达式的名称来自于 lambda 演算，其中希腊字母 lambda（λ）用于将 lambda 项绑定到某个函数。lambda 项可以是变量（例如 x），抽象函数（例如 λ.x.M，其中 M 是函数），或者引用（例如 M 和 N 两项互相引用）。通过以上各项的组合，可以实现表达式归约或转换，例如可以通过 Berkeley 提供的解释器 https://people.eecs.berkeley.edu/~gongliang13/lambda/ 进行 lambda 表达式归约的在线测试。

以下是 lambda 演算的例子，即使用 lambda 表达式计算 x、y 坐标已知情况下的圆半径平方：

$$(x, y) \to x^2 + y^2$$

它在数学范畴内定义为 n 元函数：

$$\lambda xy . x * x + y * y$$

实际应用如下：

$$((x, y) \to x^2 + y^2)(1, 2) = 5$$

下面是柯里化版本（请注意归约操作）：

$$(((x, y) \rightarrow x^2 + y^2)(1))(2) = 5$$

在代码中使用 lambda 表达式的最大好处是可以将其组合归约成简单的形式。

Java 8 中引入了 lambda 表达式（之前是通过使用匿名类来实现），出于性能（匿名类实现方式需要加载太多的生成类）和定制化方面（未来的变化）的考虑，其实现方式使用了 Java 7 中引入的动态调用而不是匿名类。

5.1.2 纯函数

纯函数是一个没有副作用的函数，它针对相同的输入总会产生相同的输出（具有可预测性和可缓存）。其中一个副作用是能够修改函数外部上下文的操作，这方面的例子包括：

- 写入到文件 / 控制台 / 网络 / 屏幕。
- 修改外部变量 / 状态。
- 调用非纯函数。
- 启动进程。

副作用有时是不可避免的，甚至是必需的：I/O 或底层操作就是使用副作用的例子（冯诺依曼计算机因副作用才能发挥作用）。根据经验，Haskell 和其他函数式编程语言使用 monad 将副作用与其余代码隔离开。稍后我们将介绍 monad 的相关内容。

纯函数的输出结果是可预测的，它也可以将结果缓存，这就是纯函数能够提供引用透明性的原因。纯函数更易于阅读和理解，在《Clean Code》一书中，Robert Martin 写道：

"实际上，理解代码与编码的时间比例远远超过 10 比 1。作为编写新代码工作的一部分，我们需要不断阅读旧代码。…[因此]使代码易于阅读能够使编码更加简便。"

在代码中使用纯函数可以提高生产效率，让新手花更少的时间阅读新代码，将更多时间用在编码和完善中。

5.1.3 引用透明性

引用透明性是函数针对相同的输入得到相同返回值的一种属性。针对特定函数，这种属性大大有利于提高存储效率（将返回结果缓存）和并发性，测试这样的功能也很容易。

5.1.4　初等函数

初等函数是指能够像面向对象编程中操作对象那样操作的函数，即可以进行创建、存储、用作参数、用作返回值。

5.1.5　高阶函数

高阶函数可以将其他函数作为参数，可以创建和返回函数，还可以利用现有的和经过测试的小型函数进行代码重用。例如在下面的代码中，我们根据给定的华氏温度计算摄氏温度的平均值：

```
jshell> IntStream.of(70, 75, 80, 90).map(x -> (x - 32)*5/9).average();
$4 ==> OptionalDouble[25.5]
```

请注意在高阶映射函数中使用 lambda 表达式的方式，可以在多个位置使用相同的 lambda 表达式来转换温度。

```
jshell> IntUnaryOperator convF2C = x -> (x-32)*5/9;
convF2C ==> $Lambda$27/1938056729@4bec1f0c
jshell> IntStream.of(70, 75, 80, 90).map(convF2C).average();
$6 ==> OptionalDouble[25.5]
jshell> convF2C.applyAsInt(80);
$7 ==> 26Function
```

5.1.6　组合

在数学中，常使用一个函数的输出作为下一个函数的输入，从而将它们组合或链接在一起，这样的规则同样适用于函数式编程，即高阶函数引用初等函数。前面的代码已经包含了这样一个例子。请参阅 map 函数中 convF2C 纯函数的使用方法。

为了使函数组合关系更加清晰，我们可以通过使用 andThen 方法重写转换公式：

```
jshell> IntUnaryOperator convF2C = ((IntUnaryOperator)(x ->
x-32)).andThen(x -> x *5).andThen(x -> x / 9);
convF2C ==>
java.util.function.IntUnaryOperator$$Lambda$29/1234776885@dc24521
jshell> convF2C.applyAsInt(80);
$23 ==> 26
```

5.1.7　柯里化

柯里化是将 n 元函数转换为一系列一元函数的过程，它以美国数学家 Haskell

Curry 的名字命名。例如，g :: x->y->z 是 f::(x, y)-> z 的柯里化形式。对于前面提到的未实现 BiFunction 接口的平方半径公式 f(x, y) = $x^2 + y^2$，将多次使用到 apply 函数。正如之前看到的，函数的单个应用程序可以用值替换参数。下面的代码显示了如何柯里化包含两个参数的函数，针对具有 n 个参数的情况，将有 n 个调用 Function <X，Y> 的 apply 函数：

```
jshell> Function<Integer, Function<Integer, Integer>> square_radius = x ->
y -> x*x + y*y;
square_radius ==> $Lambda$46/1050349584@6c3708b3
jshell> List<Integer> squares = Arrays.asList(new Tuple<Integer,
Integer>(1, 5), new Tuple<Integer, Integer>(2, 3)).stream().
map(a -> square_radius.apply(a.y).apply(a.x)).
collect(Collectors.toList());
squares ==> [26, 13]
```

5.1.8 闭包

闭包是一种实现词法作用域的技术。词法作用域允许我们在内部作用域中访问外部上下文变量。在前面的例子中，假设 y 变量已经被分配了一个值，lambda 表达式仍保持在一元表达式中将 y 作为变量，这可能会导致一些难以发现的错误，如下面的代码所示，在闭包获取对象的当前值时，我们期望 add100 函数总是在输入上加 100，但结果却不是这样：

```
jshell> Integer a = 100
a ==> 100
jshell> Function<Integer, Integer> add100 = b -> b + a;
add100 ==> $Lambda$49/553871028@eec5a4a
jshell> add100.apply(9);
$38 ==> 109
jshell> a = 101;
a ==> 101
jshell> add100.apply(9);
$40 ==> 110
```

上面结果中，我们期望获得 109，但它却返回了 110，这是正确的（101 加 9 等于 110），因为变量 a 从 100 变为了 101。闭包的使用要谨慎，根据经验，常使用 final 关键字来限制其更改。但闭包并非一无是处，在想要共享当前状态（并且能够在需要时进行修改）的情况下，它们使用起来很方便。比如在返回数据库连接（抽象连接）的 API 中使用闭包，我们使用不同的闭包，每个闭包基于特定的数据库连接配置提供连接，通常从外部上下文中已知的属性文件中读取配置，它也能以函数的形式实现模板模式。

5.1.9 不可变性

在《Effective Java》一书中,Joshua Bloch 提出了以下建议:"将对象视为不可变的。"在面向对象编程世界中要考虑这个建议,其原因在于可变代码具有许多可替换部分以至于太复杂,不容易理解和修改。提升不可变性能够使代码更加简洁,有利于开发人员专注于流程而不是代码可能产生的副作用。最糟糕的副作用是一个地方的小变化会在另一个地方产生灾难性后果(蝴蝶效应)。可变代码有时难以实现并行操作,常常需要使用不同的锁。

5.1.10 函子

函子(functor)允许将函数应用于给定的容器。它们知道如何从包装对象中解包值,使用给定函数,并返回另一个包含经转换的包装对象的函子。它们抽象了很多习惯用语,包括集合、约定和 Optional 等。以下代码演示了如何在 Java 中使用 Optional 函子,其中 Optional 包装一个给定的值 5:

```
jshell> Optional<Integer> a = Optional.of(5);
a ==> Optional[5]
```

然后我们将函数应用于上述包装的值为 5 的整数对象(即 a),将得到一个新的值为 4.5 的 Optional:

```
jshell> Optional<Float> b = a.map(x -> x * 0.9f);
b ==> Optional[4.5]
jshell> b.get()
$7 ==> 4.5
```

Optional 类似于 Haskell 的 Maybe(Just|Nothing),它还包含一个静态的 Optional.empty() 方法,用于返回一个空值。

applicative(加强版函子)将包装上升到一个新的层次,其不再将函数应用于包装对象,而是将函数也进行包装。在以下代码中,函数被包装在一个 Optional 中。为了说明 applicative 的用法,我们设置了一个标识 Optional(一切保持不变),防止函数(在我们的例子中为 toUpperCase 函数)为空,由于没有"语法糖"能够自动引用包装函数,所以需要手动执行,请参阅 get().apply() 代码。请注意 Java 9 中添加了方法 Optional.or(),如果输入的 Optional 为空,则延迟返回另一个 Optional:

```
jshell> Optional<String> a = Optional.of("Hello Applicatives")
a ==> Optional[Hello Applicatives]
jshell> Optional<Function<String, String>> upper =
```

```
Optional.of(String::toUpperCase)
upper ==> Optional[$Lambda$14/2009787198@1e88b3c]
jshell> a.map(x -> upper.get().apply(x))
$3 ==> Optional[HELLO APPLICATIVES]
```

这是将给定字符串大写化的加强版函子。我们来看如下代码:

```
jshell> Optional<Function<String, String>> identity =
Optional.of(Function.identity())
identity ==>
Optional[java.util.function.Function$$Lambda$16/1580893732@5c3bd550]
jshell> Optional<Function<String, String>> upper = Optional.empty()
upper ==> Optional.empty
jshell> a.map(x -> upper.or(() -> identity).get().apply(x))
$6 ==> Optional[Hello Applicatives]
```

上述代码是将标识函数（输出与输入相同）应用于给定字符串的加强版函子。

5.1.11 单子

monad（单子）应用于接受包装值并返回包装值的函数。在 Java 中包含 Stream、CompletableFuture 和前面提到的 Optional 等使用用例。如以下代码所示，flatMap 函数将给定函数应用于一组邮编代码上，这组列表可能存在也可能不在邮编代码 map 中。

```
jshell> Map<Integer, String> codesMapping = Map.of(400500, "Cluj-Napoca",
75001, "Paris", 10115, "Berlin", 10000, "New York")
codesMapping ==> {400500=Cluj-Napoca, 10115=Berlin, 10000=New York,
75001=Paris}
jshell> List<Integer> codes = List.of(400501, 75001, 10115, 10000)
codes ==> [400501, 75001, 10115, 10000]
jshell> codes.stream().flatMap(x -> Stream.ofNullable(codesMapping.get(x)))
$3 ==> java.util.stream.ReferencePipeline$7@343f4d3d
jshell> codes.stream().flatMap(x ->
Stream.ofNullable(codesMapping.get(x))).collect(Collectors.toList());
$4 ==> [Paris, Berlin, New York]
```

Haskell 中使用以下 monad（在其他函数式编程语言中导入）。其强大的抽象概念对于 Java 很重要（请参阅 https://wiki.haskell.org/All_About_Monads）。

- 读取 monad 允许在环境状态中进行共享和读取，它在软件的可变部分和不可变部分之间提供了边缘能力。
- 输出 monad 用于将状态添加到多个输出端，类似于日志进程，输出日志到控制台 / 文件 / 网络。
- 状态 monad 既能读取也能输出。

要进一步掌握 functor、applicative 和 monad 的概念，建议查阅 http://adit.io/posts/

2013-04-17-functors,_applicatives,_and_monads_in_pictures.html 和 https://bartoszmilewski.com/2011/01/09/monads-for-thecurious-programmer-part-1/。在 https://github.com/aol/cyclops-react 上的 cyclops-react 库中，也提供了一些很棒的函数式编程的内容。

5.2 Java 中的函数式编程

函数式编程基于 Streams 和 lambda 表达式，两者都在 Java 8 中引入。Retrolambda 等库允许 Java 8 代码运行在较旧的 JVM 运行时环境中，例如 Java 5、Java 6 或 Java 7（通常用于 Android 开发）。

5.2.1 lambda 表达式

lambda 表达式是使用 java.util.functions 包接口的"语法糖"，其中最重要的内容包括以下：

- BiConsumer<T, U>：一种接受两个输入参数并且不返回结果的操作，通常用于 map 的 forEach 方法中。通过使用 andThen 方法可以将 BiConsumers 链接起来。
- BiFunction<T, U, R>：一种接受两个输入参数并且返回一个结果的操作，通过调用其 apply 方法使用。
- BinaryOperator<T>：一种作用于两个同类型操作符并且返回操作符同类型结果的操作，通过调用其继承的 apply 方法来使用。它静态地提供 minBy 和 maxBy 方法，这两种方法会返回两个元素中较小 / 较大的元素。
- BiPredicate<T, U>：一种包含两个参数（也称为谓词）的返回布尔值的函数，通过调用其 test 方法使用。
- Consumer<T>：一种接受单个输入参数的操作，与它对应的二级制操作（BiConsumer）一样，它支持链接并通过调用其 apply 方法来应用，如下例所示，其中 consumer 是 System.out.println 方法：

```
jshell> Consumer<Integer> printToConsole = System.out::println;
print ==> $Lambda$24/117244645@5bcab519
jshell> printToConsole.accept(9)
9
```

- Function <T，R>：一种接受一个参数并返回一个结果的函数。它转换输入而不是改变它。可以直接通过调用它的 apply 方法使用，使用 andThen 链接并使用

compose 方法组合，如下面的示例代码所示。我们可以通过用现成代码组合成新函数来保持代码 DRY（Don't Repeat Yourself 的简称）：

```
jshell> Function<Integer, Integer> square = x -> x*x;
square ==> $Lambda$14/1870647526@47c62251
jshell> Function<Integer, String> toString = x -> "Number : " +
x.toString();
toString ==> $Lambda$15/1722023916@77caeb3e
jshell> toString.compose(square).apply(4);
$3 ==> "Number : 16"
jshell> square.andThen(toString).apply(4);
$4 ==> "Number : 16"
```

❑ Predicate <T>：接受一个输入参数的返回布尔值结果的函数。在下面的代码中，我们测试字符串是否全是小写字母：

```
jshell> Predicate<String> isLower = x -> x.equals(x.toLowerCase())
isLower ==> $Lambda$25/507084503@490ab905
jshell> isLower.test("lower")
$8 ==> true
jshell> isLower.test("Lower")
$9 ==> false
```

❑ Supplier<T>：没有参数，返回一个结果：

```
jshell> String lambda = "Hello Lambda"
lambda ==> "Hello Lambda"
jshell> Supplier<String> closure = () -> lambda
closure ==> $Lambda$27/13329486@13805618
jshell> closure.get()
$13 ==> "Hello Lambda"
```

❑ UnaryOperator <T>：接受一个类型为 T 的参数，同时产生与其操作数相同类型 T 的结果，它可以用 Function <T，T> 代替。

5.2.2 流

流（Stream）是一系列函数的管道，它转换而不是修改数据。在流中包含开始、中间和结束操作，要从流中获取值，需要调用结束操作。流不是一种数据结构，也不能被重用，一旦执行完毕将保持关闭。如果再次使用，将报出"java.lang.IllegalStateException：流正在被操作或已经关闭"的异常。

1. 流开始操作

流可以顺序执行或并行执行。它们可以由 Collection 接口、JarFile、ZipFile 或 BitSet 创建，自 Java 9 开始，也可以由 Optional 类的 stream() 方法创建。Collection 类

支持 parallelStream() 方法，该方法可以返回并行流或串行流。通过调用合适的 Arrays.stream() 方法，可以构造各种类型的流，比如基础数据类型（Integer、Long、Double）或其他类型。可以为基础数据类型构造了特定流类，比如 IntStream、LongStream 或 DoubleStream，这些流类可以使用其静态方法构造流，例如 generate()、of()、empty()、iterate()、concat()、range()、rangeClosed() 或 builder()。从 BufferedReader 对象获取数据流可以通过调用 lines() 方法轻松实现，该方法在文件类中以静态形式存在，用于获取给定路径文件中的所有行。文件类也提供了其他流的创建方法，例如 list()、walk() 和 find()。

除了之前提到的 Optional，Java 9 添加了许多其他返回流的类，例如 Matcher 类（results() 方法）或 Scanner 类（findAll() 和 tokens() 方法）。

2. 流中间操作

中间流操作被延迟调用，这意味着实际的调用只有在调用结束操作之后才能进行。下面的代码使用 http://www.behindthename.com/random/？在线随机生成名称，一旦找到第一个有效名称，它将停止搜索（它只返回一个 Stream<String> 对象）：

```
jshell> Stream<String> stream = Arrays.stream(new String[] {"Benny Gandalf", "Aeliana Taina","Sukhbir Purnima"}).
...> map(x -> { System.out.println("Map " + x); return x; }).
...> filter(x -> x.contains("Aeliana"));
stream ==> java.util.stream.ReferencePipeline$2@6eebc39e
jshell> stream.findFirst();
Map Benny Gandalf
Map Aeliana Taina
$3 ==> Optional[Aeliana Taina]
```

流中间操作包含以下操作：

❑ sequential()：将当前流设置为串行流。

❑ parallel()：将当前流设置为并行流。根据经验，对大型数据集使用并行流，其中并行化能够提高性能。在我们的代码中，并行执行操作会导致性能下降，因为并行化的成本大于增益，并且我们正在处理一些未经过加工的条目：

```
jshell> Stream<String> stream = Arrays.stream(new String[] {"Benny Gandalf", "Aeliana Taina","Sukhbir Purnima"}).
...> parallel().
...> map(x -> { System.out.println("Map " + x); return x; }).
...> filter(x -> x.contains("Aeliana"));
stream ==> java.util.stream.ReferencePipeline$2@60c6f5b
```

```
jshell> stream.findFirst();
Map Benny Gandalf
Map Aeliana Taina
Map Sukhbir Purnima
$14 ==> Optional[Aeliana Taina]
```

- unordered()：以无序方式处理输入。它使得序列流的输出顺序不确定，通过允许更有效地实现诸如 distinct 或 groupBy 的一些聚合函数，使并行执行的性能得到提高。

- onClose()：使用给定的输入处理程序关闭流使用的资源。流利用 Files.lines() 来关闭输入文件，例如在下面的代码中，可以自动关闭，也可以通过调用 close() 方法手动关闭流：

```
jshell> try (Stream<String> stream =
Files.lines(Paths.get("d:/input.txt"))) {
...> stream.forEach(System.out::println);
...> }
Benny Gandalf
Aeliana Taina
Sukhbir Purnima
```

- filter()：通过应用谓词来过滤输入。
- map()：通过应用函数转换输入。
- flatMap()：根据映射函数用流中的值替换输入。
- distinct()：使用 Object.equals() 返回不同的值。
- sorted()：根据缺省或给定的比较器对输入进行排序。
- peek()：允许使用流保存的值而不更改它们。
- limit()：根据给定的数字截断流。
- skip()：丢弃流中的前 n 个元素。

以下代码显示了 peek、limit 和 skip 方法的用法，用于计算出差过程中换购欧元的费用。第一个和最后一个费用与业务无关，因此将它们过滤掉（作为替代方案，也可以使用 filter() 方法）。peek 方法用于打印费用使用总额：

```
jshell> Map<Currency, Double> exchangeToEur = Map.of(Currency.USD, 0.96,
Currency.GBP, 1.56, Currency.EUR, 1.0);
exchangeToEur ==> {USD=0.96, GBP=1.56, EUR=1.0}
jshell> List<Expense> travelExpenses = List.of(new Expense(10,
Currency.EUR, "Souvenir from Munchen"), new Expense(10.5, Currency.EUR,
"Taxi to Munich airport"), new Expense(20, Currency.USD, "Taxi to San
Francisco hotel"), new Expense(30, Currency.USD, "Meal"), new Expense(21.5,
Currency.GBP, "Taxi to San Francisco airport"), new Expense(10,
Currency.GBP, "Souvenir from London"));
```

```
travelExpenses ==> [Expense@1b26f7b2, Expense@491cc5c9, Expense@74ad ...
62d5aee, Expense@69b0fd6f]
jshell> travelExpenses.stream().skip(1).limit(4).
...> peek(x -> System.out.println(x.getDescription())).
...> mapToDouble(x -> x.getAmount() * exchangeToEur.get(x.getCurrency())).
...> sum();
Taxi to Munich airport
Taxi to San Francisco hotel
Meal
Taxi to San Francisco airport
$38 ==> 92.03999999999999
```

除了前面介绍的 Stream <T>.ofNullable 方法之外，Java 9 还引入了 dropWhile 和 takeWhile 方法，它们的目的是让开发人员更好地处理无限长度的流。在下面的代码中，我们将使用它们来打印 5 和 10 之间的数字。去掉上限（由 takeWhile 设置）将会导致数量增加并无限打印（在某些时候，它们会溢出但仍会继续增长，例如，在 iterate 方法中使用 x->x+100 000）：

```
jshell> IntStream.iterate(1, x-> x + 1).
...> dropWhile(x -> x < 5).takeWhile(x -> x < 7).
...> forEach(System.out::println);
```

正如预期的那样，输出为 5 和 6，因为它们大于 5 且小于 7。

3．流结束操作

结束操作是值或副作用的操作，遍历整个中间操作过程并进行合适的调用。它们可以处理返回的值（forEach()、forEachOrdered()）或者可以返回以下任一：

- 迭代器（如 iterator() 和 spliterator() 方法）
- 集合（toArray()、collect()，通过使用 Collectors 的 toList()、toSet()、toColletion()、groupingBy()、partitioningBy() 或 toMap()）
- 特定元素（findFirst()、findAny()）
- 聚合（归约），可以是以下任何一种：
  - 算术：仅特定用于 IntStream、LongStream 和 DoubleStream 的 min()、max()、count() 或 sum()、average() 和 summaryStatistics()。
  - 布尔值：anyMatch()、allMatch() 和 noneMatch()。
  - 自定义：使用 reduce() 或 collect() 方法。一些可用的 Collectors 包括 maxBy()、minBy()、reducing()、join() 和 counting()。

5.3 重新实现面向对象编程设计模式

在本节中，我们将根据 Java 8 和 9 中提供的新功能来回顾一些 GoF（译者注：常指"四人帮"，指 Gamma、Helm、Johnson Vlissides、Addison-Wesley 四人提出的 23 种设计模式）模式。

5.3.1 单例模式

可以使用闭包和 Supplier <T> 重新实现单例模式。Java 混合代码可以使用 Supplier <T> 接口，例如在下面的代码中，单例是枚举类型（根据函数式编程，单例类型只有一个值，类似枚举类型）。以下示例代码类似第 2 章中的代码：

```
jshell> enum Singleton{
...> INSTANCE;
...> public static Supplier<Singleton> getInstance()
...> {
...> return () -> Singleton.INSTANCE;
...> }
...>
...> public void doSomething(){
...> System.out.println("Something is Done.");
...> }
...> }
| created enum Singleton
jshell> Singleton.getInstance().get().doSomething();
Something is Done.
```

5.3.2 建造者模式

Lombock 库将建造器作为其功能的一部分。只需使用 @Builder 注解，任何类都可以自动获得对建造器方法的访问权限，Lombock 示例代码请参阅 https://projectlombok.org/features/Builder：

```
Person.builder().name("Adam Savage").city("San Francisco").job("Mythbusters").job("Unchained Reaction").build();
```

Java 8 之前的实现方式使用反射机制来创建通用建造器，Java 8 之后的通用建造器版本可以通过利用 supplier 和组合 BiConsumer 来实现，代码如下所示：

```
jshell> class Person { private String name;
...> public void setName(String name) { this.name = name; }
...> public String getName() { return name; }}
| replaced class Person
| update replaced variable a, reset to null
jshell> Supplier<Person> getPerson = Person::new
```

```
getPerson ==> $Lambda$214/2095303566@78b66d36
jshell> Person a = getPerson.get()
a ==> Person@5223e5ee
jshell> a.getName();
$91 ==> null
jshell> BiConsumer<Person, String> changePersonName = (x, y) ->
x.setName(y)
changePersonName ==> $Lambda$215/581318631@6fe7aac8
jshell> changePersonName.accept(a, "Gandalf")
jshell> a.getName();
$94 ==> "Gandalf"
```

5.3.3 适配器模式

使用 map 函数执行从旧接口到新接口的调整是最好的适配器模式案例。我们将再次使用第 4 章中的例子，在其基础上做一点小改动，用 map 模拟适配器模式的代码：

```
jshell> class PS2Device {};
| created class PS2Device
jshell> class USBDevice {};
| created class USBDevice
jshell> Optional.of(new PS2Device()).stream().map(x -> new
USBDevice()).findFirst().get()
$39 ==> USBDevice@15bb6bea
```

5.3.4 装饰器模式

通过利用函数组合来实现装饰器模式。例如，可以使用 stream peek 方法实现为现有函数调用添加日志，并从提供的 peek Consumer <T> 方法中输出日志到控制台。

第 4 章中，装饰器模式可以用函数式编程模式重写。请注意，装饰器作为最初的装饰消费者用于消耗相同的输入：

```
jshell> Consumer<String> toASCII = x -> System.out.println("Print ASCII: "
+ x);
toASCII ==> $Lambda$159/1690859824@400cff1a
jshell> Function<String, String> toHex = x -> x.chars().boxed().map(y ->
"0x" + Integer.toHexString(y)).collect(Collectors.joining(" "));
toHex ==> $Lambda$158/1860250540@55040f2f
jshell> Consumer<String> decorateToHex = x -> System.out.println("Print
HEX: " + toHex.apply(x))
decorateToHex ==> $Lambda$160/1381965390@75f9eccc
jshell> toASCII.andThen(decorateToHex).accept("text")
Print ASCII: text
Print HEX: 0x74 0x65 0x78 0x74
```

5.3.5 责任链模式

责任链以一系列处理器（函数）的形式实现，每个处理器执行特定操作。下面的示例代码使用了闭包和函数流，这些函数被依次应用于给定的 text 上：

```
jshell> String text = "Text";
text ==> "Text"
jshell> Stream.<Function<String, String>>of(String::toLowerCase, x ->
LocalDateTime.now().toString() + " " + x).map(f ->
f.apply(text)).collect(Collectors.toList())
$55 ==> [text, 2017-08-10T08:41:28.243310800 Text]
```

5.3.6 命令模式

其目的是将方法转换为对象，存储并在以后调用，命令模式能够跟踪其调用、日志和撤销记录。这是 Consumer <T> 类最为基础的用法。

在下面的代码中，我们将创建一系列命令并逐个执行：

```
jshell> List<Consumer<String>> tasks = List.of(System.out::println, x ->
System.out.println(LocalDateTime.now().toString() + " " + x))
tasks ==> [$Lambda$192/728258269@6107227e, $Lambda$193/1572098393@7c417213]
jshell> tasks.forEach(x -> x.accept(text))
Text
2017-08-10T08:47:31.673812300 Text
```

5.3.7 解释器模式

解释器的语法可以存储为关键字与对应行为的关系映射。在第 2 章中，我们写了一个数学表达式求值程序，将结果累积在一个堆栈中，这可以通过将表达式存储在 map 中并使用 reduce 方法来累积结果的方式实现：

```
jshell> Map<String, IntBinaryOperator> operands = Map.of("+", (x, y) -> x +
y, "-", (x, y) -> x - y)
operands ==> {-=$Lambda$208/1259652483@65466a6a,
+=$Lambda$207/1552978964@4ddced80}
jshell> Arrays.asList("4 5 + 6 -".split(" ")).stream().reduce("0 ",(acc, x)
-> {
...> if (operands.containsKey(x)) {
...> String[] split = acc.split(" ");
...> System.out.println(acc);
...> acc = split[0] + " " +
operands.get(x).applyAsInt(Integer.valueOf(split[1]),
Integer.valueOf(split[2])) + " ";
...> } else { acc = acc + x + " ";}
...> return acc; }).split(" ")[1]
0 4 5
0 9 6
$76 ==> "3"
```

5.3.8 迭代器模式

迭代器由流提供的序列部分实现。Java 8 添加了 forEach 方法，该方法接收使用者作为参数，与前面的循环实现类似，代码如下所示：

```
jshell> List.of(1, 4).forEach(System.out::println)
jshell> for(Integer i: List.of(1, 4)) System.out.println(i);
```

正如预期的那样，两个示例的输出都是 1 和 4。

5.3.9 观察者模式

在 Java 8 中用 lambda 表达式代替观察者模式，最明显的例子是 ActionListener 替换，老版本代码中用一个简单的函数调用替换匿名类监听器：

```
JButton button = new Jbutton("Click Here");
button.addActionListener(new ActionListener()
{
  public void actionPerformed(ActionEvent e)
  {
    System.out.println("Handled by the old listener");
  }
});
```

新代码只需一行：

```
button.addActionListener(e -> System.out.println("Handled by lambda"));
```

5.3.10 策略模式

策略可以由函数替换。在以下示例代码中，我们对所有价格使用 10% 折扣策略：

```
jshell> Function<Double, Double> tenPercentDiscount = x -> x * 0.9;
tenPercentDiscount ==> $Lambda$217/1990160809@4c9f8c13
jshell> List.<Double>of(5.4, 6.27,
3.29).stream().map(tenPercentDiscount).collect(Collectors.toList())
$98 ==> [4.86, 5.643, 2.9610000000000003]
```

5.3.11 模板方法模式

模板方法以当模板提供调用顺序时允许注入特定方法调用的方式实现。以下示例中将添加特定调用并从外部设置其内容，它们可能已经插入了特定内容。

通过使用接收所有 runnables 的单个方法可以简化代码：

```
jshell> class TemplateMethod {
...> private Runnable call1 = () -> {};
...> private Runnable call2 = () -> System.out.println("Call2");
...> private Runnable call3 = () -> {};
...> public void setCall1(Runnable call1) { this.call1 = call1;}
...> public void setCall2(Runnable call2) { this.call2 = call2; }
...> public void setCall3(Runnable call3) { this.call3 = call3; }
```

```
...> public void run() {
...> call1.run();
...> call2.run();
...> call3.run();
...> }
...> }
|  created class TemplateMethod
jshell> TemplateMethod t = new TemplateMethod();
t ==> TemplateMethod@70e8f8e
jshell> t.setCall1(() -> System.out.println("Call1"));
jshell> t.setCall3(() -> System.out.println("Call3"));
jshell> t.run();
Call1
Call2
Call3
```

5.4 函数式设计模式

在本节中，我们将了解以下函数式设计模式：

- MapReduce
- 借贷模式
- 尾调用优化
- 记忆化
- 执行 around 方法

5.4.1 MapReduce

MapReduce 是一种 Google 开发用于大规模并行编程的技术，因其表达式简单而成为一种函数式设计模式。在函数式编程中，它是 monad 的一种形式。

1. 目的

MapReduce 的目的是将现有任务分解为多个较小的任务，使它们并行运行并聚合结果（归约），它能够大大改善大数据处理的性能。

2. 示例

我们将解析和聚合基于给定侦测范围的多个 Web 服务的日志，并计算每次命中终点（endpoint）的总持续时间，来演示 MapReduce 的使用过程。日志取自 https://cloud.spring.io/spring-cloud-sleuth/spring-cloud-sleuth.html，并拆分为相应的服务日志文件。

以下代码并行读取所有日志、映射、排序和过滤相关日志条目，收集和归约（聚合）结果，如果产生结果，则会将其打印输出到控制台，导入的日期/时间类用于排序比较，flatMap 代码用于处理异常：

```
jshell> import java.time.*
jshell> import java.time.format.*
jshell> DateTimeFormatter dtf = DateTimeFormatter.ofPattern("yyyy-MM-dd HH:mm:ss.SSS")
dtf ==> Value(YearOfEra,4,19,EXCEEDS_PAD)'-'Value(MonthOf ...
Fraction(NanoOfSecond,3,3)
jshell> try (Stream<Path> files = Files.find(Paths.get("d:/"), 1, (path, attr) -> String.valueOf(path).endsWith(".log"))) {
...> files.parallel().
...> flatMap(x -> { try { return Files.lines(x); } catch (IOException e) {} return null;}).
...> filter(x -> x.contains("2485ec27856c56f4")).
...> map(x -> x.substring(0, 23) + " " + x.split(":")[3]).
...> sorted((x, y) -> LocalDateTime.parse(x.substring(0, 23), dtf).compareTo(LocalDateTime.parse(y.substring(0, 23), dtf))).
...> collect(Collectors.toList()).stream().sequential().
...> reduce((acc, x) -> {
...> if (acc.length() > 0) {
...> Long duration = Long.valueOf(Duration.between(LocalDateTime.parse(acc.substring(0, 23), dtf), LocalDateTime.parse(x.substring(0, 23), dtf)).toMillis());
...> acc += "\n After " + duration.toString() + "ms " + x.substring(24);
...> } else {
...> acc = x;
...> }
...> return acc;}).ifPresent(System.out::println);
...> }
2016-02-26 11:15:47.561 Hello from service1. Calling service2
After 149ms Hello from service2. Calling service3 and then service4
After 334ms Hello from service3
After 363ms Got response from service3 [Hello from service3]
After 573ms Hello from service4
After 595ms Got response from service4 [Hello from service4]
After 621ms Got response from service2 [Hello from service2, response from service3 [Hello from service3] and from service4 [Hello from service4]]
```

5.4.2 借贷模式

借贷模式确保资源一旦超出范围就被确切处理。资源可以是数据库连接、文件、套接字或处理本机资源（例如内存、系统句柄、连接）的任何对象。这与 MSDN 上描述的 Dispose 模式具有相同的作用。

1. 目的

目的是使用户在释放未使用资源的工作中得到解放。有些用户可能会忘记调用资源的释放方法，从而导致内存泄漏。

2. 示例

使用数据库事务时最常用的模板之一是获取事务，进行适当的调用，确保提交或在异常事件中回滚，最后关闭事务。这可以以借贷模式实现，其中事务中的调用过程可以作为可替换部分。以下代码显示了如何实现此目的：

```
jshell> class Connection {
...> public void commit() {};
public void rollback() {};
public void close() {};
public void setAutoCommit(boolean autoCommit) {};
...> public static void runWithinTransaction(Consumer<Connection> c) {
...> Connection t = null;
...> try { t = new Connection(); t.setAutoCommit(false);
...> c.accept(t);
...> t.commit();
...> } catch(Exception e) { t.rollback(); } finally { t.close(); } } }
| created class Connection
jshell> Connection.runWithinTransaction(x -> System.out.println("Execute statement..."));
Execute statement...
```

5.4.3 尾调用优化

尾调用优化（TCO）是一些编译器在不使用堆栈空间的情况下调用函数的技术。Scala 通过使用 @tailrec 注解递归代码使用它。它告诉编译器使用一个特殊的循环（称为 trampoline）重复运行函数。函数调用可以处于其中一个状态：完成或更多调用。若完成则返回结果（头）；若更多调用则返回没有头（尾）的当前循环。cyclops-react 库已经为我们提供了这种模式。

1. 目的

其目的是在不会破坏堆栈前提下使用递归调用。它仅用于大量递归调用，对于数量较少的调用，可能会降低性能。

2. 示例

Cyclops-react 库的维护者 John McClean 在 https://gist.github.com/johnmcclean/fb1735-b49e6206396bd5792ca11ba7b2 上演示了计算 Fibonacci 序列数字的尾调用优化。代码简洁易懂，它从初始状态 a 和 b，f(0) = 0，f(1) = 1 开始累积斐波纳契数，并应用于 f(n) =

f(n – 1) + (n – 2) 函数：

```
importstatic cyclops.control.Trampoline.done;
importstatic cyclops.control.Trampoline.more;
import cyclops.control.Trampoline;
publicclass Main
{
  publicvoid fib()
  {
    for(int i=0;i<100_000;i++)
    System.out.println(fibonacci(i, 0l, 1l).get());
  }
  public Trampoline<Long> fibonacci(Integer count, Long a, Long b)
  {
    return count==0 ? done(a) : more(()->fibonacci (count - 1,
    b, a + b));
  }
  publicstaticvoid main(String[] args)
  {
    new Main().fib();
  }
}
```

5.4.4 记忆化

由于某些步骤相同，并且可以确保对于相同的输入始终能够获得相同的输出（纯函数），因而多次调用前面的 Fibonacci 实现会导致 CPU 周期的浪费。为了加快调用，我们可以缓存输出，对于给定的输入，只返回缓存的结果，并不实际去计算它。

1. 目的

其目的是为给定输入的函数缓存处理结果，并在将来给定相同输入和相同函数的情况下提高返回结果速度。由于它们提供引用透明性，因而只用于纯函数。

2. 示例

在下面的示例中，我们将重用 Fibonacci 代码并添加 Guava 缓存。缓存用于保存 Fibonacci 的返回值，其对应的键值是输入的数字。缓存在空间和时间上都做了内存使用限制的设置：

```
importstatic cyclops.control.Trampoline.done;
importstatic cyclops.control.Trampoline.more;
import java.math.BigInteger;
import java.util.Arrays;
import java.util.List;
import java.util.concurrent.TimeUnit;
import com.google.common.cache.Cache;
import com.google.common.cache.CacheBuilder;
```

```java
import cyclops.async.LazyReact;
import cyclops.control.Trampoline;
publicclass Main
{
  public BigInteger fib(BigInteger n)
  {
    return fibonacci(n, BigInteger.ZERO, BigInteger.ONE).get();
  }
  public Trampoline<BigInteger> fibonacci(BigInteger count,
BigInteger a, BigInteger b)
  {
    return count.equals(BigInteger.ZERO) ? done(a) :
    more(()->fibonacci (count.subtract(BigInteger.ONE), b,
    a.add(b)));
  }
  publicvoid memoization(List<Integer> array)
  {
    Cache<BigInteger, BigInteger> cache = CacheBuilder.newBuilder()
    .maximumSize(1_000_000)
    .expireAfterWrite(10, TimeUnit.MINUTES)
    .build();
    LazyReact react = new LazyReact().autoMemoizeOn((key,fn)->
    cache.get((BigInteger)key,()-> (BigInteger)fn.
apply((BigInteger)key)));
    Listresult = react.from(array)
    .map(i->fibonacci(BigInteger.valueOf(i), BigInteger.ZERO,
    BigInteger.ONE))
    .toList();
  }
  publicstaticvoid main(String[] args)
  {
    Main main = new Main();
    List<Integer> array = Arrays.asList(500_000, 499_999);
    long start = System.currentTimeMillis();
    array.stream().map(BigInteger::valueOf).forEach(x -> main.fib(x));
    System.out.println("Regular version took " +
    (System.currentTimeMillis() - start) + " ms");
    start = System.currentTimeMillis();
    main.memoization(array);
    System.out.println("Memoized version took " +
    (System.currentTimeMillis() - start) + " ms");
  }
}
```

输出如下：

```
Regular version took 19022 ms
Memoized version took 394 ms
```

5.4.5 执行 around 方法

在测量每个版本代码的性能时，前面的代码存在重复。通过在 lambda 表达式中打包执行的业务代码，使用执行 around 方法模式能够修复此问题。一个代表性的例子是在单元测试之前安装函数和在单元测试之后拆卸函数，这类似于之前描述的模板方法和借贷模式。

1. 目的

其目的是使用户解放于某些特定业务方法之前和之后要执行的固定操作。

2. 示例

上一个示例中提到的代码包含重复的代码，我们将应用执行 around 模式来简化代码并使其更易于阅读。如你所见，重构可以使用 lambda 表达式：

```
publicstaticvoid measurePerformance(Runnable runnable)
{
  long start = System.currentTimeMillis();
  runnable.run();
  System.out.println("It took " + (System.currentTimeMillis() -
  start) + " ms");
}
publicstaticvoid main(String[] args)
{
  Main main = new Main();
  List<Integer> array = Arrays.asList(500_000, 499_999);
  measurePerformance(() -> array.stream().map(BigInteger::valueOf)
  .forEach(x -> main.fib(x)));
  measurePerformance(() -> main.memoization(array));
}
```

5.5 总结

本章我们学习了函数式编程的含义，了解了最新 Java 版本所提供的新特性以及它们如何改变现有的 GOF 模式，我们还使用到了一些函数式编程设计模式。

在下一章中，我们将深入了解响应式编程模式，并学习如何使用 RxJava 创建响应式应用程序。

Chapter 6 第 6 章

响应式编程

本章将介绍响应式编程范式,并解释它为何在函数式编程语言中应用效果明显,读者会慢慢理解响应式编程背后的含义。在创建响应式应用时将会呈现观察者和迭代器两种模式都涉及的要点。示例中会用到响应式编程框架,其中 Java 的实现版本是 RxJava(版本 2.0)。

本章将包含以下内容:

- 什么是响应式编程
- RxJava 简介
- 安装 RxJava
- Observable、Flowable、Observer 和 Subscription 的含义
- 创建 Observable
- 转换 Observable
- 过滤 Observable
- 组合 Observable
- 异常处理
- 线程调度器
- Subject
- 示例项目

6.1　什么是响应式编程

根据《响应式宣言》（http://www.reactivemanifesto.org/）中的描述，响应式系统主要具有以下属性：

- **响应性**：系统能够以一致且可预测的方式及时响应。
- **可恢复性**：系统能够快速地从故障中恢复。
- **弹性**：系统能够动态地查找和修复性能瓶颈，通过增加或减少为其分配的资源实现在不同的工作负载下维持响应的能力。不要将弹性与可扩展性的概念混淆，弹性系统是根据需求动态地进行相应的调整，详情参阅 http://www.reactivemanifesto.org/glossary#Elasticity。
- **消息驱动**：系统依赖于异步消息传递机制，能够确保其松耦合、相互隔离、位置透明和具有容错能力。

这样的需求是实际存在的。现如今，一个非响应式的系统被认为是不完善的，也是客户所不接受的。根据 https://developers.google.com/search/mobile-sites/mobile-seo/ 的描述，非响应式网站在搜索引擎中排名较低：

"响应式设计是 Google 推荐的设计模式"

响应式系统是由响应式编程技术构建的元件组合而成的复杂系统。

响应式编程是一种依赖于异步数据流的编程范式，它是异步编程方式下的一种事件驱动型子集。相比之下，响应式系统则是消息驱动的，这表示已经预先知道接收方，而对于事件驱动型来说，接收方可以是任何的观察者。

由于使用了数据流，响应式编程不再仅仅是基于事件的编程方式，它更强调了数据流而非控制流。之前，诸如鼠标、键盘事件或后台事件（比如服务器上的新套接字连接）会在线程事件循环中进行处理，现在一切都可以创建为数据流。试想一下，来自后台节点的 JSON REST 响应变为一个数据流，它可以等待、过滤或与其他来自不同节点的响应进行合并。这种方法使开发人员无须再创建用于处理多核和多 CPU 环境的异步调用代码，从而大大提高了灵活性。

响应式编程应用的典型样例是电子表格。定义流的过程类似于声明 Excel 的 C1 单元格的值等于 B1 单元格的内容加上 A1 单元格的内容，无论何时更新 A1 或 B1 单元格，都能观察到 C1 值得到更新。现在假设 C2 到 Cn 单元格的内容等于 A2 到 An 的内容加上 B2 到 Bn 的内容，同样的规则也适用。

响应式编程中应用了以下抽象概念，其中一些取自于函数式编程范畴：

- **future/promise**：提供了针对还未完成的异步任务的结果进行操作的方法。
- **流**：提供了数据管道，类似于火车轨道为火车提供运行的基础设施。
- **数据流变量**：输入变量应用于流函数产生结果，类似于前面所述，对两个给定输入参数执行相加数学运算，得到的结果更新电子表格单元格的值。
- **限制机制**：这种机制用于实时处理环境，例如数字信号处理器（DSP）等硬件，通过丢弃其中的部分元素来调节输入进程的速度，从而保持与输入的速度一致，它作为一种背压策略来使用。
- **推送机制**：类似于好莱坞原则，它翻转了调用的方向。数据可用时，流中的观察者就会将消息推送出去，相反，抽取机制会以同步方式抓取数据。

现在有许多 Java 库和框架支持程序员编写响应式代码，如 Reactor、Ratpack、RxJava、Spring Framework 5 和 Vert.x 等。随着 JDK 9 中添加了流的 API，开发人员无须再安装其他 API 就可以进行响应式编程。

6.2　RxJava 简介

RxJava 是一种响应式扩展（用于使用可观察序列组合编写基于事件的异步程序的库）的实现，来源于微软的 .NET。2012 年，Netflix 因其架构无法应对庞大的客户群，逐渐意识到需要一种模式转变，所以决定将响应式扩展的强大功能带入 JVM 中，这就是 RxJava 的由来。除了 RxJava 之外，还有其他 JVM 实现，例如 RxAndroid、RxJavaFX、RxKotlin 和 RxScale。这种方法带来了理想的提升效果，在其公开发布后，我们现在也有机会使用它。

RxJava JAR 在 Apache 软件许可证 2.0 版中获得许可，在 Maven 仓库中提供。

还有几个外部库使用了 RxJava：

- hystrix：一个延迟和容错库，用来隔离访问远程系统的节点。
- rxjava-http-tail：一个 HTTP 日志跟踪库，与 tail -f 用法相同。
- rxjava-jdbc：使用 RxJava 与 ResultSet 流建立 JDBC 连接。

6.3 安装 RxJava

在本节中，我们将介绍在 Maven 中安装 RxJava 以及在 Java 9 的 REPL Jshell 中使用 RxJava 的方法。

6.3.1 Maven 下的安装

安装 RxJava 框架非常简便，JAR 文件和其依赖的项目响应式流可在 Maven 的 http://central.maven.org/maven2/io/reactivex/rxjava2/rxjava/2.1.3/rxjava-2.1.3.jar 下获得。

使用前，需要在 pom.xml 文件中添加此 Maven 依赖项：

```
<project xmlns="http://maven.apache.org/POM/4.0.0"
xmlns:xsi="http://www.w3.org/2001/XMLSchema-instance"
xsi:schemaLocation="http://maven.apache.org/POM/4.0.0
http://maven.apache.org/xsd/maven-4.0.0.xsd">
  <modelVersion>4.0.0</modelVersion>
  <groupId>com.packt.java9</groupId>
  <artifactId>chapter6_client</artifactId>
  <version>0.0.1-SNAPSHOT</version>
  <properties>
    <maven.compiler.source>1.8</maven.compiler.source>
    <maven.compiler.target>1.8</maven.compiler.target>
  </properties>
  <dependencies>
    <!-- https://mvnrepository.com/artifact/io.reactivex.rxjava2/rxjava -->
    <dependency>
      <groupId>io.reactivex.rxjava2</groupId>
      <artifactId>rxjava</artifactId>
      <version>2.1.3</version>
    </dependency>
    <!-- https://mvnrepository.com/artifact/org.reactivestreams/reactive-streams -->
    <dependency>
      <groupId>org.reactivestreams</groupId>
      <artifactId>reactive-streams</artifactId>
      <version>1.0.1</version>
    </dependency>
  </dependencies>
</project>
```

在 Gradle、SBT、Ivy、Grape、Leiningen 或 Buildr 中安装步骤类似，要了解更多有关添加配置文件的信息，请查阅 https://mvnrepository.com/artifact/io.reactivex.rxjava2/rxjava/2.1.3。

6.3.2　JShell 下的安装

我们将在第 9 章中详细介绍 JShell，现在先从 RxJava 的角度来看一下。在 JShell 中安装 RxJava 框架要对 RxJava 和响应式流的 JAR 文件设置类路径。注意在 Linux 中使用冒号作为文件路径分隔符，而在 Windows 中使用分号：

```
"c:Program FilesJavajdk-9binjshell" --class-path
D:Kitsrxjavarxjava-2.1.3.jar;D:Kitsrxjavareactive-streams-1.0.1.jar
```

屏幕上会显示如图 6-1 所示的错误。

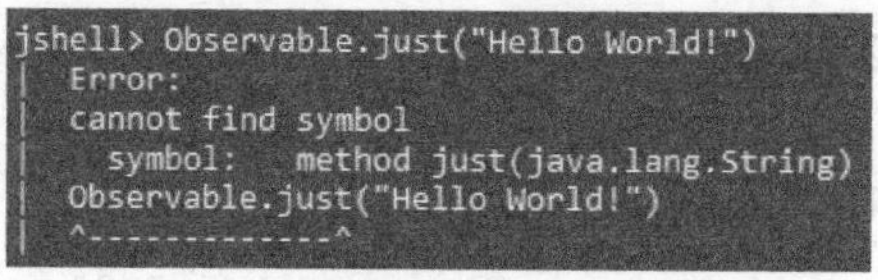

```
jshell> Observable.just("Hello World!")
 Error:
 cannot find symbol
   symbol:   method just(java.lang.String)
 Observable.just("Hello World!")
 ^-------------^
```

图　6-1

发生上面的错误是因为忘记导入相关的 Java 类。

如图 6-2 所示的代码用于处理错误，

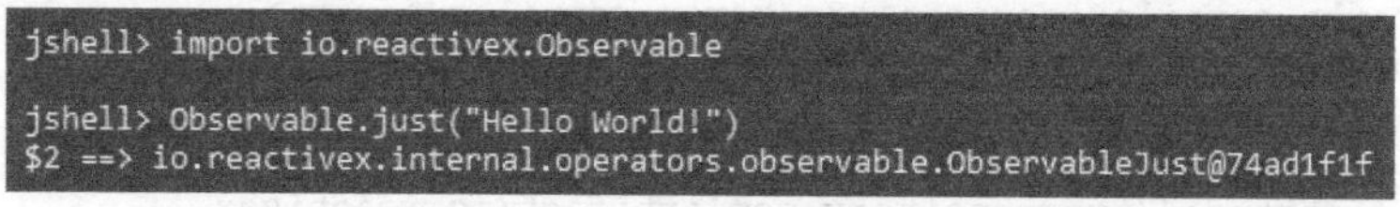

```
jshell> import io.reactivex.Observable

jshell> Observable.just("Hello World!")
$2 ==> io.reactivex.internal.operators.observable.ObservableJust@74ad1f1f
```

图　6-2

现在我们已经成功创建了第一个 Observable（可观察对象）。在下节中将具体介绍其作用及使用方法。

6.4　Observable、Flowable、Observer 和 Subscription 的含义

在 ReactiveX 中，Observer（观察者）订阅一个 Observable，当 Observable 发送数据时，Observer 会通过消费或转换数据来做出响应。由于在等待 Observable 发送数据

时不需要进行阻塞,因而这种模式有助于并发操作。它以 Observer 的形式创建一个哨兵,当 Observable 形式的新数据可用时,Observer 随时准备做出适当的响应,该模式称为响应器模式(reactor pattern)。图 6-3 摘自 http://reactivex.io/assets/operators/legend.png,解释了 Observable 的流程。

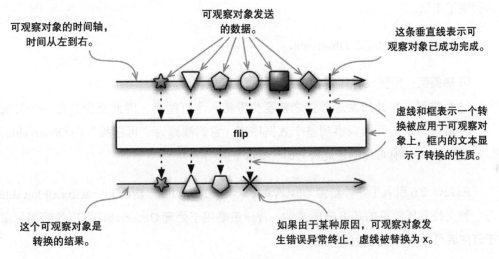

图 6-3

响应式编程中的 Observable 类似于指令迭代器,它解决了相同的问题,但使用的策略不同。Observable 通过异步方式推送数据,而迭代器以同步方式拉取数据。其处理错误的方法也不同:Observable 使用错误回调函数,而迭代器使用抛出异常。表 6-1 显示了它们之间的差异。

事件	Iterable	Observable
获取数据	T next()	onNext(T)
异常	throw new Exception	onError(Exception)
完成后触发	Return	onCompleted()

通过使用订阅方法(onNextAction、onErrorAction、onCompletedAction)将 Observer 与 Observable 关联起来。Observer 实现了以下方法(其中只有 onNext 方法是必需的):

❑ onNext:Observable 发送数据时进行调用,该方法将发送的数据作为参数。
❑ onError:无法生成预期数据或遇到一些其他异常时调用此方法,它将异常作为参数。

❑ onCompleted：当数据发送完成时调用此方法。

从设计的角度来看，响应式编程的 Observable 通过使用 onError 回调方法和 onCompleted 回调方法添加了在发送完成和发送异常时能够发送通知的功能，使观察者模式得到了增强。

有两种类型的响应式 Observable：

❑ **热类型**：即使没有订阅者，也会尽快发送数据。
❑ **冷类型**：在开始发送数据之前至少等待一个订阅者，因此至少存在一个订阅者可以从头开始观察到整个数据序列，它们被称为"可连接"的 Observable，RxJava 中有可以创建此种 Observable 的操作符。

RxJava 2.0 引入了一种新型 Observable，叫作 Flowable。新的 io.reactivex.Flowable 是一种支持背压策略的基本响应式类。背压策略用于处理 Observable 发出的数据量多于订阅者可处理的数据量的情况。

RxJava Observable 适用于小型数据集（不超过 1000 个元素），以防出现 OutOfMemoryError 异常或用户界面事件，比如低频率（1000Hz 或更低）的鼠标移动或点击事件。

Flowable 用于处理元素数超过 10 000、从磁盘读取或解析文件、通过 JDBC 读取数据库，或执行阻塞和/或基于拉的数据读取等情况，这些情况适用于背压策略。

6.5 创建 Observable

下面的操作符用于从头开始创建 Observable，以数据序列或定时的方式发送特定结构的数据。

6.5.1 create 操作符

可以通过调用 io.reactivex.Observable 下的方法从头开始创建 Observable：

- create
- generate
- unsafeCreate

图 6-4 中的示例说明了如何从头开始构造 Observable，在 Observer 订阅关系未被释放时，可按程序顺序调用 onNext()、onComplete() 和 onError() 方法，用于获取数字 1 到 4。

```
jshell> io.reactivex.Observable.create(observer -> {
   ...>     try {
   ...>         if (!observer.isDisposed()) {
   ...>             for (int i = 1; i < 5; i++) {
   ...>                 observer.onNext(i);
   ...>             }
   ...>             observer.onComplete();
   ...>         }
   ...>     } catch (Exception e) {
   ...>         observer.onError(e);
   ...>     }
   ...> }).subscribe(System.out::println, System.err::println, () -> System.out.println("Sequence complete."));
1
2
3
4
Sequence complete.
$1 ==> DISPOSED

jshell>
```

图 6-4

正如在图 6-4 的屏幕截图中所见，输出为从 1 到 4 的整数，同预期一致，并且数据流序列在使用后会被释放。

6.5.2 defer 操作符

defer 操作符用于推迟 Observable 的创建，直到有 Observer 订阅时，才创建新的 Observable。如图 6-5 所示的代码展示了 defer 方法的使用案例。

```
jshell> io.reactivex.Observable<Integer> a = io.reactivex.Observable.defer(() -> io.reactivex.Observable.just(123))
a ==> io.reactivex.internal.operators.observable.ObservableDefer@fe18270

jshell> a.subscribe(System.out::println);
123
$5 ==> DISPOSED
```

图 6-5

控制台打印行方法输出了 Observable 包含的整数 123。

6.5.3 empty 操作符

通过调用 io.reactivex.Observable 的 empty() 或 never() 方法可以创建空的或不发送任何数据的 Observable。

6.5.4 from 操作符

通过调用以下方法来完成数组、Future 类、其他对象或数据结构的转换：

- fromArray：将数组转换为 Observable。
- fromCallable：将 callable 的结果转换为 Observable。
- fromFuture：将 future 的结果转换为 Observable。
- fromIterable：将 iterable 的结果转换为 Observable。
- fromPublisher：将响应式发布者数据流转换为 Observable。
- just：将给定对象转换为 Observable。

如图 6-6 所示的示例演示了从字母列表（abc）创建一个 Observable。

```
jshell> io.reactivex.Observable<String> abc = io.reactivex.Observable.fromArray("a", "b", "c");
abc ==> io.reactivex.internal.operators.observable.ObservableFromArray@3b94d659

jshell> abc.subscribe(System.out::println);
a
b
c
$7 ==> DISPOSED
```

图 6-6

包含 a、b 和 c 的整个数组通过 System.out.println 方法打印到控制台。

6.5.5 interval 操作符

使用 interval 方法创建一个 Observable，它发送一个具有特定时间间隔的整数序列，即作为计时器用。如图 6-7 所示的示例不会停止，它每隔一秒会连续打印一个数字。

我们无法停止计时器（Ctrl+C 键也不行，只能关闭窗口），它将继续按照指示每秒将增加的数字打印到控制台中。

图 6-7

6.5.6　timer 操作符

使用 timer 方法可以在指定延迟时间后发送单个数据。

6.5.7　range 操作符

使用以下方法可以创建指定范围的整数序列的 Observable：

- intervalRange：用于创建指定范围值的 Observable，首次在初始延迟之后发送，接下来周期性发送。
- range：发送指定范围内的整数序列。

6.5.8　repeat 操作符

用于重复发送单条数据或特定数据序列：

- repeat：创建多次或一直（取决于参数输入）重复发送数据序列的 Observable。
- repeatUntil：重复发送数据序列，直到 stop 函数返回 true 时停止。
- repeatWhen：除非调用 onComplete，否则重新发送原始 Observable。

如图 6-8 所示的代码重复输出给定的 a 值，直到满足条件。

图 6-8

它重复输出 a 到控制台三次，直到 x 的值为 3，即满足大于 2 的条件。作为练习，请用 ++x 替换 x++，再查看控制台输出。

6.6 转换 Observable

下面是转换 Observable 所发送数据的操作符。

6.6.1 subscribe 操作符

下面是订阅者用于处理来自 Observable 的通知的方法，例如 onNext、onError 和 onCompleted。用于订阅的 Observable 方法是：

- blockingForEach：处理此 Observable 发送的每个数据流，在 Observable 发送完成之前保持阻塞。
- blockingSubscribe：订阅 Observable 并在当前线程上处理事件。
- forEachWhile：订阅 Observable 并接收其通知，直到 onNext 返回 false。
- forEach：订阅 Observable 并接收其通知。
- subscribe：为给定的 Observer 订阅此 Observable，observer 的形式可以是回调函数，Observer 类实现或 io.reactivex.subscribers.DefaultSubscriber<T> 抽象类的子类。

6.6.2 buffer 操作符

buffer 方法用于创建给定大小的组，然后将它们打包为列表。如图 6-9 所示的代码显示在 10 个数字中创建了两个组，一个组包含六个数字，另一个组包含剩余的四个数字。

图 6-9

6.6.3 flatMap 操作符

无论是按照到达的顺序（flatMap），还是先发送最后一个（switchMap），或者是保持原有顺序（concatMap），都可以通过使用以下操作符将给定的多个 Observable 转换为单个 Observable：concatMap、concatMapDelayError、concatMapEager、concatMapEagerDelay-

Error、concatMapIterable、flatMap、flatMapIterable、switchMap 或 switchMapDelayError。如图 6-10 所示的示例显示了如何通过随机选择 Observable 的顺序，使输出的内容发生变化（以 flatMap、concatMap 和 switchMap 为例）。

```
jshell> import io.reactivex.schedulers.TestScheduler

jshell> TestScheduler scheduler = new TestScheduler();
scheduler ==> io.reactivex.schedulers.TestScheduler@5f71c76a

jshell> io.reactivex.Observable<String> abc = io.reactivex.Observable.fromArray("a", "b", "c");
abc ==> io.reactivex.internal.operators.observable.ObservableFromArray@1d7acb34

jshell> abc.concatMap( x -> io.reactivex.Observable.just(x + "c").
   ...>     delay(new Random().nextInt(5), TimeUnit.SECONDS, scheduler)).
   ...>     toList().subscribe(System.out::println,System.out::println);
$20 ==> io.reactivex.internal.operators.observable.ObservableToListSingle$ToListObserver@176d53b2

jshell> scheduler.advanceTimeBy(30, TimeUnit.SECONDS);
[ac, bc, cc]
```

图 6-10

concatMap 的实现方式是将 c 字符串附加到给定的 a、b 和 c 字符串后，输出为 ac、bc 和 cc。

flatMap 的实现方式是将 f 字符串附加到给定的 a、b 和 c 字符串后，如图 6-11 所示。

```
jshell> abc.flatMap( x -> io.reactivex.Observable.just(x + "f").
   ...>     delay(new Random().nextInt(5), TimeUnit.SECONDS, scheduler)).
   ...>     toList().subscribe(System.out::println,System.out::println);
$38 ==> io.reactivex.internal.operators.observable.ObservableToListSingle$ToListObserver@59d016c9

jshell> scheduler.advanceTimeBy(30, TimeUnit.SECONDS);
[cf, bf, af]

jshell> abc.flatMap( x -> io.reactivex.Observable.just(x + "f").
   ...>     delay(new Random().nextInt(5), TimeUnit.SECONDS, scheduler)).
   ...>     toList().subscribe(System.out::println,System.out::println);
$40 ==> io.reactivex.internal.operators.observable.ObservableToListSingle$ToListObserver@7c0c77c7

jshell> scheduler.advanceTimeBy(30, TimeUnit.SECONDS);
[af, cf, bf]

jshell> abc.flatMap( x -> io.reactivex.Observable.just(x + "f").
   ...>     delay(new Random().nextInt(5), TimeUnit.SECONDS, scheduler)).
   ...>     toList().subscribe(System.out::println,System.out::println);
$42 ==> io.reactivex.internal.operators.observable.ObservableToListSingle$ToListObserver@65466a6a

jshell> scheduler.advanceTimeBy(30, TimeUnit.SECONDS);
[af, bf, cf]
```

图 6-11

由于随机时延的存在，其输出顺序与预期的 af、bf 和 cf 不同，多次运行后输出了预期的顺序。

如图 6-12 所示的代码段显示了不同的输出。

```
jshell> abc.switchMap( x -> io.reactivex.Observable.just(x + "s").
   ...>     delay(new Random().nextInt(5), TimeUnit.SECONDS, scheduler)).
   ...>     toList().subscribe(System.out::println,System.out::println);
$24 ==> io.reactivex.internal.operators.observable.ObservableToListSingle$ToListObserver@d4342c2

jshell> scheduler.advanceTimeBy(30, TimeUnit.SECONDS);
[cs]
```

图 6-12

switchMap 实现方式只将 s 字符串附加到给定的 a，b 和 c 字符串列表中的最后一个元素。

注意 advanceTimeBy 的用法，如果没有调用这个函数，由于存在发送延迟，将不会输出任何内容。

6.6.4　groupBy 操作符

groupBy 用于将一个 Observable 划分为一组 Observable，每个 Observable 用于发送不同的数据。以下代码按起始字母对字符串进行分组，然后打印关键字和关键字对应的数据组。注意这些分组可用于构造其他数据流的 Observable。

如图 6-13 所示的代码输出以首字母为关键字进行的分组。

```
jshell> import io.reactivex.observables.*

jshell> io.reactivex.Observable<String> list = io.reactivex.Observable.
   ...> fromArray("aaa", "baa", "ac", "ccc", "ccs");
list ==> io.reactivex.internal.operators.observable.ObservableFromArray@6a400542

jshell> list.groupBy(y -> y.substring(0, 1)).
   ...> subscribe(x ->
   ...> {
   ...>     GroupedObservable<String, String> g = (GroupedObservable<String, String>)x;
   ...>     System.out.println(" --- " + g.getKey() + " --- ");
   ...>     g.subscribe(System.out::println);
   ...> });
--- a ---
aaa
--- b ---
baa
ac
--- c ---
ccc
ccs
$69 ==> DISPOSED
```

图 6-13

6.6.5　map 操作符

对每项数据应用特定函数用于转换 Observable，通过以下方法实现：

- cast：将结果转换为给定类型。
- map：对发送的每项数据应用指定的函数。

6.6.6 scan 操作符

使用 scan 方法连续的对数据序列的每一项应用特定函数。如图 6-14 所示的代码对当前数据序列之和应用 scan 方法。

```
jshell> io.reactivex.Observable.range(1, 5).
   ...>     scan((x, sum) -> x + sum).subscribe(System.out::println);
1
3
6
10
15
$70 ==> DISPOSED
```

图 6-14

6.6.7 window 操作符

window 方法用于定期将 Observable 细分为多个 Observable 窗口，然后发送分隔这些窗口。如图 6-15 所示的代码显示用法。

```
jshell> io.reactivex.Observable.range(1, 5).
   ...>     window(1).flatMap(x -> x.scan((y, s)  -> y + s)).
   ...>     subscribe(System.out::println);
1
2
3
4
5
$71 ==> DISPOSED
```

图 6-15

6.7 过滤 Observable

以下是基于给定条件或约束从给定 Observable 中选择性地发送数据的操作符。

6.7.1 debounce 操作符

只有在特定时间跨度过后才能使用以下方法完成数据发送：

- debounce：对源 Observable 间隔期产生的结果进行过滤，如果在这个规定的间隔期内没有别的结果产生,则将这个结果提交给订阅者,否则忽略该结果。

❑ throttleWithTimeout:根据指定的时间间隔进行限流。

在下面的示例中,我们将删除在 100ms 时间跨度之内触发的项,示例中只有最后一个值被成功发送,同样,通过使用测试调度程序,我们可以控制时间,如图 6-16 所示。

```
jshell> TestScheduler scheduler = new TestScheduler();
scheduler ==> io.reactivex.schedulers.TestScheduler@39529185

jshell> io.reactivex.Observable.range(1, 5).
   ...>     flatMap(x -> io.reactivex.Observable.just(x).
   ...>     delay(new Random().nextInt(200), TimeUnit.MILLISECONDS, scheduler)).
   ...>     debounce(100, TimeUnit.MILLISECONDS).
   ...>     subscribe(System.out::println);
$73 ==> io.reactivex.observers.SerializedObserver@515aebb0

jshell> scheduler.advanceTimeBy(1, TimeUnit.MINUTES);
2
jshell>
```

图 6-16

6.7.2 distinct 操作符

使用以下方法删除 Observable 中发送出的重复项:

❑ distinct:只发送不同的数据项。
❑ distinctUntilChanged:只发送与其直接前驱不同的数据项。

在如图 6-17 所示的代码中,我们将看到如何使用 distinct 方法来删除给定数字序列中的重复项。

```
jshell> io.reactivex.Observable<String> list =
   ...> io.reactivex.Observable.fromArray("aaa", "baa", "ac", "ccc", "aaa");
list ==> io.reactivex.internal.operators.observable.ObservableFromArray@36bc55de

jshell> list.distinct().subscribe(System.out::println);
aaa
baa
ac
ccc
$76 ==> DISPOSED
```

图 6-17

可以看到序列中重复的 aaa 字符串已从输出中删除。

6.7.3 elementAt 操作符

使用 elementAt 方法能按索引获取数据元素。如图 6-18 所示的代码打印了列表中的第三个元素。

```
jshell> io.reactivex.Observable<String> list =
   ...> io.reactivex.Observable.fromArray("aaa", "baa", "ac", "ccc", "aaa");
list ==> io.reactivex.internal.operators.observable.ObservableFromArray@158d2680

jshell> list.elementAt(3).subscribe(System.out::println);
ccc
$78 ==> DISPOSED
```

图 6-18

6.7.4 filter 操作符

使用以下方法只允许发送 Observable 中那些通过测试的数据项（通过谓词或类型测试）：

- filter：仅发送满足指定谓词的数据项。
- ofType：仅发送指定类型的数据项。

如图 6-19 所示的代码显示了 filter 的用法，用于过滤掉不以字母 a 开头的数据项。

```
jshell> io.reactivex.Observable<String> list =
   ...> io.reactivex.Observable.fromArray("aaa", "baa", "ac", "ccc", "aaa");
list ==> io.reactivex.internal.operators.observable.ObservableFromArray@4c402120

jshell> list.filter(x -> x.startsWith("a")).
   ...>    subscribe(System.out::println);
aaa
ac
aaa
$80 ==> DISPOSED
```

图 6-19

6.7.5 first/last 操作符

下面方法能够根据给定条件返回第一个或最后一个数据项，其还有阻塞版本。io.reactivex.Observable 中的方法有：

- blockingFirst：返回 Observable 发送的第一个数据项。
- blockingSingle：返回 Observable 发送的第一个实数。
- first：返回 Observable 发送的第一个数据项。
- firstElement：返回只发送一个数据项的可选类型。
- single：返回只发送一个数据项的实数。
- singleElement：返回只发送一个实数的可选类型。

- blockingLast：返回 Observable 发送的最后一个数据项。
- last：返回 Observable 发送的最后一个数据项。
- lastElement：返回只发出最后一个实数的可选类型。

6.7.6 sample 操作符

使用此操作符可以发送特定数据项（由采样时间周期或限流持续时间指定）。io.reactivex.Observable 中提供以下方法：

- sample：用于发送离给定时间段最近的发送过的数据项。
- throttleFirst：仅发送给定顺序时间窗口期间发送过的第一项。
- throttleLast：仅发送给定顺序时间窗口期间发送过的最后一项。

6.7.7 skip 操作符

从输出 Observable 中删除最前和最后 n 个数据项。如图 6-20 所示的代码显示如何跳过输入的前三个数据元素。

调用 skipLast 方法则只会输出 1 和 2。

6.7.8 take 操作符

仅发送 Observable 的最前和最后 n 个元素。如图 6-21 所示的示例显示如何从 Observable 数值范围中仅获取前三个元素。

图 6-20　　　　　　　　　　　　　　图 6-21

使用具有相同参数的 takeLast 方法将输出 3、4 和 5。

6.8　组合 Observables

下面介绍用于组合多个 Observable 的操作符。

6.8.1 combine 操作符

通过调用以下方法组合来自两个或更多 Observable 的最新发送数据：

- combineLatest：发送聚合多个源 Observable 最新发送值的数据项。
- withLatestFrom：将给定的 Observable 合并到当前实例中。

如图 6-22 所示的示例（永久运行）显示了组合两个来自不同时间间隔区间的 observable，第一个每 6 毫秒发送一次，另一个每 10 毫秒发送一次。

```
jshell> io.reactivex.Observable a =
   ...> io.reactivex.Observable.interval(6, TimeUnit.MILLISECONDS);
a ==> io.reactivex.internal.operators.observable.ObservableInterval@682b2fa

jshell> io.reactivex.Observable b =
   ...> io.reactivex.Observable.interval(10, TimeUnit.MILLISECONDS);
b ==> io.reactivex.internal.operators.observable.ObservableInterval@7dcf94f8

jshell> io.reactivex.Observable.combineLatest(a, b,
   ...>    (x, y) -> x.toString() + " - " + y.toString()).
   ...>    blockingForEach(System.out::println);
1 - 0
1 - 1
2 - 2
3 - 2
4 - 2
```

图 6-22

通过 Ctrl+C 键来停止执行上述代码，否则会创建一个无限的列表。其输出与预期一致，它包含基于创建时间戳的两个序列的组合值。

6.8.2 join 操作符

调用以下方法组合两个基于给定窗口的 Observable：

- join：使用聚合函数根据重叠时间组合两个 Observable 发送的数据项。
- groupJoin：以组的形式使用聚合函数根据重叠时间将两个 Observable 发送的数据项进行组合。

如图 6-23 所示的示例使用 join 来组合两个 Observable，第一个每 100 毫秒触发一次，另一个每 160 毫秒触发一次，每隔 55 毫秒从第一个 Observable 获取值，每隔 85 毫秒从第二个 Observable 获取值。

上面的代码会一直执行下去，需要手动停止。

```
jshell> io.reactivex.Observable<String> a =
   ...>    io.reactivex.Observable.interval(100, TimeUnit.MILLISECONDS).
   ...>    map(x -> "A" + x);
a ==> io.reactivex.internal.operators.observable.ObservableMap@5a45133e

jshell> io.reactivex.Observable<String> b =
   ...>    io.reactivex.Observable.interval(160, TimeUnit.MILLISECONDS).
   ...>    map(x -> "B" + x);
b ==> io.reactivex.internal.operators.observable.ObservableMap@4f80542f

jshell> a.join(b,
   ...>    c -> io.reactivex.Observable.timer(55, TimeUnit.MILLISECONDS),
   ...>    d -> io.reactivex.Observable.timer(85, TimeUnit.MILLISECONDS),
   ...>    (x, y) -> x + " - " + y).blockingForEach(System.out::println);
A0 - B0
A1 - B0
A2 - B1
A3 - B1
A4 - B2
A5 - B3
A6 - B3
A7 - B4
A8 - B5
A9 - B5
```

图　6-23

6.8.3　merge 操作符

可以通过调用以下方法将多个 Observable 合并为一个 Observable：

- merge：将多个输入源组合成一个 Observable，不进行任何转换。
- mergeArray：将多个数组形式的输入源组合为一个 Observable，不进行任何转换。
- mergeArrayDelayError：将多个数组形式的输入源组合为一个 Observable，不进行任何转换，也不会被异常中断。
- mergeDelayError：将多个输入源组合为一个 Observable，不进行任何转换，也不会被异常中断。
- mergeWith：与给定的源组合为一个 Observable，不进行任何转换。

在如图 6-24 所示的示例中，针对源 1 至 5 的数字序列，将跳过（skip）前三项的 Observable 和截取（take）前三项的 Observable 进行了合并，输出了包含 1 至 5 的数字序列，但输出的顺序发生了变化。

```
jshell> io.reactivex.Observable.merge(
   ...>    io.reactivex.Observable.range(1, 5).skip(3),
   ...>    io.reactivex.Observable.range(1, 5).take(3)).
   ...>    subscribe(System.out::println);
4
5
1
2
3
$89 ==> DISPOSED
```

图　6-24

6.8.4 zip 操作符

通过组合器函数将多个 Observable 组合到一个单独的 Observable 中，通过以下方法实现：

- zip：对多个 Observable 发送的数据项应用特定的组合器函数，然后发送函数结果。
- zipIterable：对多个 Observable 迭代器发送的数据项应用特定的组合器函数，然后发送函数结果。
- zipWith：对当前和给定的 Observable 应用特定的组合器函数，然后发送函数结果。

如图 6-25 所示的代码显示了基于字符串连接组合器将 zip 应用于从 1 至 5 和 10 至 16 的数字序列。由于没有适合的对应关系，因此不会输出多余的项（比如未输出 15、16）。

```
jshell> io.reactivex.Observable.zip(
   ...>    io.reactivex.Observable.range(1, 5),
   ...>    io.reactivex.Observable.range(10, 16),
   ...>    (x, y) -> x + " - " + y).subscribe(System.out::println)
1 - 10
2 - 11
3 - 12
4 - 13
5 - 14
$90 ==> DISPOSED
```

图 6-25

6.9 异常处理

Observable 包含了一些用于处理错误、吞吐异常、转换异常、调用 finally 块、重发失败数据序列以及资源释放的操作符。

6.9.1 catch 操作符

下列操作符通过继续发送数据序列来实现异常恢复：

- onErrorResumeNext：在出现问题时不再调用 onError 方法，而是指示 Observable 将控制权转交给指定的另一个 Observable。

- onErrorReturn：指示 Observable 发送函数提供的默认值，防止出现异常。
- onErrorReturnItem：指示 Observable 发送默认值，防止出现异常。
- onExceptionResumeNext：指示 Observable 将控制权转交给另一个 Observable，而不是调用 onError，防止出现问题。

如图 6-26 所示的示例展示了如何使用 onErrorReturnItem 方法：在不使用 flatMap 的情况下调用 onErrorReturnItem 将会停止当前流程并在结束时输出缺省值。通过应用 onErrorReturnItem，延迟调用抛出异常的代码，可以实现发送默认值并继续发送剩余数据序列。

```
jshell> io.reactivex.Observable.range(1, 5).
   ...>   flatMap(x -> io.reactivex.Observable.defer(() ->
   ...>   {
   ...>    if (x != 3) {
   ...>      return io.reactivex.Observable.just("A" + x);
   ...>    }
   ...>      else {
   ...>        throw new RuntimeException("Wrong value ");
   ...>   }})).
   ...>   onErrorReturnItem("Default")).
   ...>   subscribe(System.out::println);
A1
A2
Default
A4
A5
$91 ==> DISPOSED
```

图 6-26

6.9.2　do 操作符

下面方法用于记录特定生命周期事件的操作，可以使用它们来模拟 finally 语句行为，释放上游分配的资源，执行性能测量或执行其他即使出现异常也能进行的任务。RxJava 中 Observables 通过提供以下方法来实现这些功能：

- doFinally：在当前 Observable 调用 onComplete、onError 或被释放后进行的动作。
- doAfterTerminate：在当前 Observable 调用 onComplete 或 onError 之后调用的操作。
- doOnDispose：当数据序列释放后要调用的操作。
- doOnLifecycle：为相应的 onXXX 方法注册回调函数，具体取决于数据序列所处的生命周期（订阅阶段、取消阶段或请求阶段）。
- doOnTerminate：当前 Observable 调用 onComplete 或 onError 时要调用的操作。

如图 6-27 所示的代码段显示了前面提到的命令的用法。

```
jshell> io.reactivex.Observable<String> a = io.reactivex.Observable.just("a").
   ...>     doOnSubscribe(x -> System.out.println("OnSubscribe")).
   ...>     doOnTerminate(() -> System.out.println("OnTerminate")).
   ...>     doFinally(() -> System.out.println("OnFinally")).
   ...>     doOnComplete(() -> System.out.println("OnComplete")).
   ...>     doOnError(exch -> System.out.println("OnError"));
a ==> io.reactivex.internal.operators.observable.ObservableDoOnEach@35a50a4c

jshell> a.subscribe(System.out::println);
OnSubscribe
a
OnTerminate
OnComplete
OnFinally
$4 ==> DISPOSED
```

图 6-27

在前面的示例中，可以看到生命周期事件的顺序是：订阅，终止，完成或异常，最后在每个事件上记录打印输出到控制台的操作。

6.9.3 using 操作符

Using 操作符类似于 Java 中的 try-with-resources，它们实现同样的功能，即创建一个在指定时间（Observable 释放时）释放的可支配资源。RxJava 2.0 的 using 方法实现这项操作。

6.9.4 retry 操作符

下列方法是在故障可恢复的情况下使用的操作符，例如暂时停机服务。它们通过重新订阅的机制来实现无差错完成任务。RxJava 中可用的方法如下：

❑ retry：在发生错误的情况下重发相同的流，直到成功为止。
❑ retryUntil：重新发送，直到给定的 stop 函数返回 true。
❑ retryWhen：在发生错误的情况下重发相同的流，直到基于接收错误或异常的重试逻辑函数重新发送成功。

在如图 6-28 所示的示例中，我们使用仅包含两个值的 zip 来创建重试逻辑，该重试逻辑在指定时间或重试次数超过 500 之后，将会执行失败逻辑序列。这种重试逻辑适用于无响应 web 服务连接，尤其是每次重试均会消耗设备电池的移动设备。

```
jshell> io.reactivex.Observable.range(1, 5).
   ...> map(x -> (x + 10) / (x - 5)).
   ...> retryWhen(e -> e.zipWith(io.reactivex.Observable.range(1, 2), (x, y) -> y).
   ...> flatMap(r -> io.reactivex.Observable.timer(500 * r, TimeUnit.MILLISECONDS))).
   ...> subscribe(System.out::println);
-2
-4
-6
-14
$7 ==> 0

jshell> -2
-4
-6
-14
-2
-4
-6
-14

jshell>
```

图 6-28

6.10 线程调度器

Observable 在线程调度方面是透明的——在多线程环境中,这是线程调度器的工作。一些操作符提供了可以将调度器作为参数的变体。一些特定的调用允许从下游(使用操作符的地方,这里是 observeOn)或者与调用位置无关的地方(这里是 subscribeOn)观察流。在如图 6-29 所示的示例中,我们将从上游和下游打印当前线程。注意在 subscribeOn 的情况下,线程始终是相同的。

```
jshell> io.reactivex.Observable.range(1, 2).
   ...> map(x -> {
   ...>     System.out.println("[Map]Thread " + Thread.currentThread().getName());
   ...>     return x + 10;
   ...> }).
   ...> observeOn(io.reactivex.schedulers.Schedulers.computation()).
   ...> subscribe(y ->
   ...>     System.out.println("[Subscribe]Thread " + Thread.currentThread().getName() + " - " + y));
[Map]Thread main
[Map]Thread main
[Subscribe]Thread RxComputationThreadPool-5 - 11$10 ==> 3

jshell>
[Subscribe]Thread RxComputationThreadPool-5 - 12
```

图 6-29

注意 map 方法中 main 线程的用法,如图 6-30 所示。

注意 map 方法中不再使用 main 线程。

RxJava 2.0 的 io.reactivex.schedulers.Schedulers 工厂类中提供了多种线程调度器,每种调度器都有特定的作用:

```
jshell> io.reactivex.Observable.range(1, 2).
   ...>     map(x -> {
   ...>         System.out.println("[Map]Thread " + Thread.currentThread().getName());
   ...>         return x + 10;
   ...>     }).
   ...>     subscribeOn(io.reactivex.schedulers.Schedulers.computation()).
   ...>     subscribe(y ->
   ...>         System.out.println("[Subscribe]Thread " + Thread.currentThread().getName() + " - " + y));
$11 ==> java.util.concurrent.ScheduledThreadPoolExecutor$ScheduledFutureTask@1ffe63b9

jshell> [Map]Thread RxComputationThreadPool-6
[Subscribe]Thread RxComputationThreadPool-6 - 11
[Map]Thread RxComputationThreadPool-6
[Subscribe]Thread RxComputationThreadPool-6 - 12


jshell>
```

图 6-30

- computation()：返回用于计算工作的调度器实例。
- io()：返回用于 I/O 的调度器实例。
- single()：返回在同一后台线程上需要严格按序列执行任务的调度器实例。
- trampoline()：返回一个 Scheduler 实例，该实例在参与的线程中以 FIFO 方式执行给定任务。
- newThread()：返回为每个任务单元创建新线程的调度器实例。
- from (Executor executor)：将执行器转换为新的调度器实例并将任务委托给它。

io.reactivex.schedulers.TestScheduler 用于特殊测试目的。由于允许手动推进虚拟时间，因此它非常适合测试与时间相关的流。

6.11　Subject

Subject 是可观察对象 Observable 和订阅者 Subscriber 的混合体，它既接收数据又发送数据。RxJava 2.0 中有五种 Subject：

- AsyncSubject：AsyncSubject 只发送源 Observable 发送的最后一个值。
- BehaviorSubject：当观察者订阅 BehaviorSubject 的时候，BehaviorSubject 就开始发射原始 Observable 最近发射的数据，如果此时还没有收到任何数据，Behavior-Subject 就会发射一个默认值，然后继续发射其他任何来自原始 Observable 的数据。
- PublishSubject：仅向订阅者发送订阅关系成立后源 Observable 发送的数据。

- ReplaySubject：无论是否有订阅关系，向所有订阅者发送源 Observable 发出的所有数据。
- UnicastSubject：其生命周期内仅允许单个订阅者订阅它。

6.12 示例项目

下面的示例将展示 RxJava 中对从多个传感器接收的温度进行实时处理的用法。传感器数据由 Spring Boot 服务器提供（数据随机生成）。服务器使用传感器名称作为配置，以便对每个实例进行更改。如果其中一个传感器的输出超过 80 摄氏度，将启动五个实例并在客户端显示警告。

使用如图 6-31 所示的命令可以轻易地从 bash 启动多个传感器。

```
$ for i in {1..5}
> do
> mvn spring-boot:run -Dserver.port=808$i -Dsensor.name=NuclearCell$i &
> done
[1] 4400
[2] 4344
[3] 1988
[4] 7028
[5] 8852
```

图 6-31

服务器端代码很简单，我们只配置了一个 REST 控制器用于将传感器数据输出为 JSON，代码如下所示：

```
@RestController
publicclass SensorController
{
  @Value("${sensor.name}")
  private String sensorName;
  @RequestMapping(value="/sensor", method=RequestMethod.GET,
  produces=MediaType.APPLICATION_JSON_VALUE)
  public ResponseEntity<SensorData> sensor() throws Exception
  {
    SensorData data = new SensorData(sensorName);
    HttpHeaders headers = new HttpHeaders();
    headers.set(HttpHeaders.CONTENT_LENGTH, String.valueOf(new
    ObjectMapper().writeValueAsString(data).length()));
    returnnew ResponseEntity<SensorData>(data, headers,
    HttpStatus.CREATED);
  }
}
```

传感器数据在 SensorData 构造函数中随机生成（使用 Lombock 库可以省略 setter/

getter 代码):

```
@Data
publicclass SensorData
{
  @JsonProperty
  Double humidity;
  @JsonProperty
  Double temperature;
  @JsonProperty
  String sensorName;
  public SensorData(String sensorName)
  {
    this.sensorName = sensorName;
    humidity = Double.valueOf(20 + 80 * Math.random());
    temperature = Double.valueOf(80 + 20 * Math.random());
  }
}
```

当启动服务器之后,可以从支持 RxJava 的客户端连接到它。

客户端代码使用 rxapache-http 库:

```
publicclass Main
{
  @JsonIgnoreProperties(ignoreUnknown = true)
  staticclass SensorTemperature
  {
    Double temperature;
    String sensorName;
    public Double getTemperature()
    {
      return temperature;
    }
    publicvoid setTemperature(Double temperature)
    {
      this.temperature = temperature;
    }
    public String getSensorName()
    {
      return sensorName;
    }
    publicvoid setSensorName(String sensorName)
    {
      this.sensorName = sensorName;
    }
    @Override
    public String toString()
    {
      return sensorName + " temperature=" + temperature;
    }
  }
}
```

SensorTemperature 是客户端数据,它是服务器提供的快照,剩余信息被数据绑定器省略:

```
publicstaticvoid main(String[] args) throws Exception
{
  final RequestConfig requestConfig = RequestConfig.custom()
  .setSocketTimeout(3000)
  .setConnectTimeout(500).build();
  final CloseableHttpAsyncClient httpClient = HttpAsyncClients.custom()
  .setDefaultRequestConfig(requestConfig)
  .setMaxConnPerRoute(20)
  .setMaxConnTotal(50)
  .build();
  httpClient.start();
```

上述代码设置了 TCP/IP 超时时间和最大允许连接数,然后创建和启动 HTTP 客户端:

```
Observable.range(1, 5).map(x ->
Try.withCatch(() -> new URI("http", null, "127.0.0.1", 8080 + x, "/sensor",
null, null), URISyntaxException.class).orElse(null))
.flatMap(address ->
ObservableHttp.createRequest(HttpAsyncMethods.createGet(address),
httpClient)
.toObservable())
.flatMap(response -> response.getContent().map(bytes -> new String(bytes)))
.onErrorReturn(error -> "{"temperature":0,"sensorName":""}")
.map(json ->
Try.withCatch(() -> new ObjectMapper().readValue(json,
SensorTemperature.class), Exception.class)
.orElse(new SensorTemperature()))
.repeatWhen(observable -> observable.delay(500, TimeUnit.MILLISECONDS))
.subscribeOn(Schedulers.io())
.subscribe(x -> {
if (x.getTemperature() > 90) {
System.out.println("Temperature warning for " + x.getSensorName());
} else {
System.out.println(x.toString());
}
}, Throwable::printStackTrace);
}
}
```

上述代码创建了一定范围内的一组 URL,将其转换为一组响应,将响应字节转换为字符串,将字符串转换为 JSON,然后将结果打印到控制台。如果温度高于 90,它将打印一条警告信息。它通过运行 I/O 调度程序实现,每 500 毫秒重复一次,并在出现错误时返回默认值。注意 Try 单子的用法,因为 lambda 代码抛出了已检查的异常,需要将其转换为可以由 RxJava 中的 onError 处理的未经检查的表达式来处理,或者在 lambda 块中本地处理它。

客户端会一直运行，部分输出如下：

```
NuclearCell2 temperature=83.92902289170053
Temperature warning for NuclearCell1
Temperature warning for NuclearCell3
Temperature warning for NuclearCell4
NuclearCell5 temperature=84.23921169948811
Temperature warning for NuclearCell1
NuclearCell2 temperature=83.16267124851476
Temperature warning for NuclearCell3
NuclearCell4 temperature=81.34379085987851
Temperature warning for NuclearCell5
NuclearCell2 temperature=88.4133065761349
```

6.13 总结

本章学习了响应式编程，重点介绍了最常用的响应式类库——RxJava。我们了解了响应式编程抽象概念及其在 RxJava 中的实现，了解了 Observable、线程调度器和订阅的工作原理，以及它们的常见使用方法，最后通过具体示例对 RxJava 进行了初步理解。

在下一章中，我们将进一步学习最常用的响应式编程模式以及它们在代码中的使用方法。

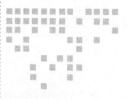

Chapter 7 第 7 章

响应式设计模式

上一章讨论了响应式编程风格,并强调了响应性的重要性。本章我们将逐一重新审视响应式编程的四大关键,即响应式、弹性、柔性和消息驱动,了解实现每个支柱的各种模式。本章介绍以下内容:

- 响应模式
- 弹性模式
- 柔性模式
- 消息驱动通信模式

7.1 响应模式

响应性意味着应用程序的交互性。它是否及时与其用户交互?单击按钮是否按预期执行操作?什么时候界面更新?应用程序不应该让用户进行不必要地等待并且应该提供即时反馈。

下面看看有助于在应用程序中实现响应的核心模式。

7.1.1 请求–响应模式

请求–响应模式是最简单的设计模式,它解决了响应式编程的响应性关键,是几乎在每个应用程序中都会使用的核心模式之一。服务接受请求并返回响应，许多其他模式直接或间接依赖于此，因此值得花几分钟来理解这种模式。

图 7-1 显示了一个简单的请求 – 响应通信。

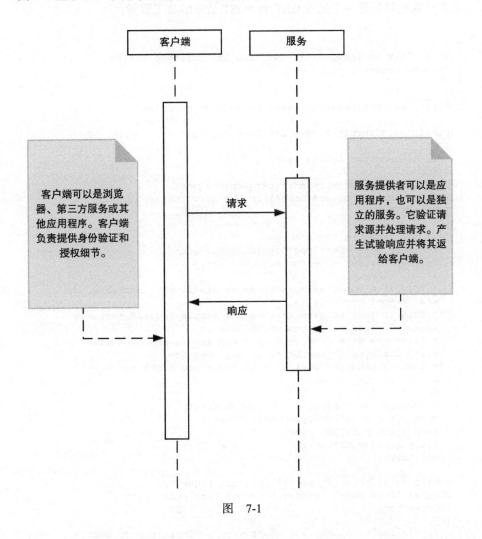

图　7-1

请求 – 响应关系有两方，一个实体发出请求，另一个实体完成请求。请求者可以是浏览器，要求从服务器或服务请求来自其他服务的数据的详细信息，双方需要就请求和响应格式达成一致，它们可以是 XML、HTML、String、JSON 等形式，只要两个实体都理解通信，使用任何格式都是有效的。

我们将从一个简单的基于 servlet 的示例开始。你可能没有在实际项目中使用基于 servlet 的实现，除非你正在处理旧版应用程序，了解其基础知识非常重要，因为它们是我们使用的大多数现代框架的起点。

我们将在这里创建一个处理 GET 和 POST 请求的员工服务：

```java
/**
 *
 * This class is responsible for handling Employee Entity
   related requests.
 *
 */
public class EmployeeWebService extends HttpServlet
{
  public void init() throws ServletException
  {
    // Do required initialization
  }
  public void doGet(HttpServletRequest request,
  HttpServletResponse response) throws ServletException,
  IOException
  {
    // Set response content type
    response.setContentType("application/json");
    PrintWriter out = response.getWriter();
    /*
    * This is a dummy example where we are simply returning
    static employee details.
    * This is just to give an idea how simple request response
    works. In real world you might want to
    * fetch the data from data base and return employee list
    or an employee object based on employee id
    * sent by request. Well in real world you migth not want
    to use servlet at all.
    */
    JSONObject jsonObject = new JSONObject();
    jsonObject.put("EmployeeName", "Dave");
    jsonObject.put("EmployeeId", "1234");
    out.print(jsonObject);
    out.flush();
  }
  public void doPost(HttpServletRequest request,
  HttpServletResponse response) throws ServletException,
  IOException
  {
    // Similar to doGet, you might want to implement do post.
      where we will read Employee values and add to database.
  }
  public void destroy()
  {
    // Handle any object cleanup or connection closures here.
  }
}
```

前面的代码介绍了简单的请求-响应模式是如何工作的。GET和POST是两种最重要的通信类型,顾名思义,GET用于从服务器获取任何数据、信息和工件,而POST则将新数据添加到服务器。大约10~12年前,你会看到嵌入在servlet中的HTML,但是近些年来,设计方向更倾向于易维护。为了保持关注点和松耦合的分离,我们尝试保留表示层或前端代码,而不依赖于服务器端代码,这使我们可以自由地创建应用程序编程接口(Application Programming Interface,API),可以满足各种客户端,无论是桌面应用程序,移动应用程序还是第三方服务调用应用程序。更进一步讨论RESTful服务来维护API,REST代表Representational State Transfer(表述性状态转移)。最常见的REST实现是通过HTTP实现的,它通过实现GET、POST、PUT和DELETE来完成,即处理CRUD操作。

让我们来看看这四个核心操作:

- GET:将数据作为列表或单个实体获取。假设有一个Employee实体,<url>/employees/将返回系统中所有员工的列表,<url>/employees/{id}/将返回特定的员工记录。
- POST:为新实体添加数据。<url>/employees/将向系统添加新的员工记录。
- PUT:更新实体的数据。<url>/employees/{id}将更新系统中的现有员工记录。
- DELETE:删除现有实体记录。<url>/employees/{id}将从系统中删除现有员工记录。

我们几乎不会编写显式代码来直接处理请求和响应,许多框架如Struts、Spring等可以帮助我们避免编写所有样板代码然后专注于核心业务逻辑。

这是一个基于Spring的快速示例,正如所见,我们可以避免许多样板代码:

```
@RestController
@RequestMapping("/employees")
/**
* This class implements GET and POST methods for Employee Entity
*/
publicclass EmployeeWebService
{
   EmployeeDAO empDAO = new EmployeeDAO();
   /**
   * This method returns List of all the employees in the system.
   *
   * @return Employee List
```

```java
 * @throws ServletException
 * @throws IOException
 */
@RequestMapping(method = RequestMethod.GET)
public List<Employee> EmployeeListService() throws
ServletException, IOexception
{
  // fetch employee list and return
  List<Employee> empList = empDAO.getEmployeeList();
  return empList;
}
/**
 * This method returns details of a specific Employee.
 *
 * @return Employee
 * @throws ServletException
 * @throws IOException
 */
@RequestMapping(method = RequestMethod.GET, value = "/{id}")
public Employee EmployeeDataService(@PathVariable("id")
String id) throws ServletException, IOException
{
  // fetch employee details and return
  Employee emp = empDAO.getEmployee(id);
  return emp;
}
/**
 * This method returns Adds an Employee to the system
 *
 * @return Employee List
 * @throws ServletException
 * @throws IOException
 */
@RequestMapping(method = RequestMethod.POST)
public String EmployeeAddService(@RequestBody Employee emp) throws
ServletException, IOException
{
  // add employee and return id
  String empId= empDAO.addEmployee(emp);
  return empId;
}
}
```

如你所见，我们使用普通的老式 Java 对象（Plain Old Java Object，POJO）类并使其处理所有 REST 调用，无须扩展 HttpServlet 或管理 init 或 destroy 方法。如果你了解 Spring MVC，则可以转到下一个小节。对于那些刚接触 Spring 框架的人来说，值得花几分钟时间来理解上一个例子背后的工作。当使用 Spring 框架时，你需要告诉它你的服务器。因此在你的 web.xml 中添加以下内容：

```xml
<servlet>
  <servlet-name>springapp</servlet-name>
```

```xml
    <servlet-class>org.springframework.web.servlet.
    DispatcherServlet</servlet-class>
    <init-param>
      <param-name>contextClass</param-name>
      <param-value>org.springframework.web.context.support.
      AnnotationConfigWebApplicationContext </param-value>
    </init-param>
    <init-param>
      <param-name>contextConfigLocation</param-name>
      <param-value>com.employee.config.EmployeeConfig</param-value>
    </init-param>
    <load-on-startup>1</load-on-startup>
</servlet>
<servlet-mapping>
   <servlet-name>springapp</servlet-name>
   <url-pattern>/service/*</url-pattern>
 </servlet-mapping>
```

这里告诉 web.xml 现在使用的是 Spring 的调度程序 servlet，任何对模式/服务的请求都应该转发给 spring 代码。除了以前的代码行，还需要为 spring 提供配置，这可以在基于 Java 类或基于 XML 的配置中完成。我们告诉 web.xml 在 com.employee.config.EmployeeConfig 中查找配置。以下是基于类的配置示例：

```java
package com.employee.config;
import org.springframework.context.annotation.ComponentScan;
import org.springframework.context.annotation.Configuration;
import org.springframework.web.servlet.config.annotation.EnableWebMvc;
@EnableWebMvc
@Configuration
@ComponentScan(basePackages = "com.employee.*")
public class EmployeeConfig
{
}
```

这是一个非常基本的配置文件，还可以添加数据库配置、安全性方面等。关于 Spring MVC 的任何进一步讨论都超出了本书的范围。要运行以前的代码，需要为 spring 和其他依赖项应用某些 JAR 文件。我们可以用不同的方式来管理这些依赖关系，例如有的人更喜欢将 Jars 添加到存储库，或者使用 Maven、Gradle 等，同样，对这些工具的讨论也超出了本书的范围。以下是为了你的目的可以添加到 Maven 的依赖项：

```xml
<dependencies>
  <dependency>
    <groupId>org.springframework</groupId>
    <artifactId>spring-webmvc</artifactId>
    <version>4.3.9.RELEASE</version>
  </dependency>
  <dependency>
    <groupId>javax.servlet</groupId>
    <artifactId>servlet-api</artifactId>
```

```xml
            <version>2.5</version>
            <scope>provided</scope>
        </dependency>
        <dependency>
            <groupId>com.fasterxml.jackson.core</groupId>
            <artifactId>jackson-databind</artifactId>
            <version>2.5.0</version>
        </dependency>
    </dependencies>
```

7.1.2 异步通信模式

在讨论响应式编程的响应关键时，需要考虑的另一个重要模式是异步通信模式。虽然请求 – 响应模式确保所有请求都获得成功响应，但它并不会处理某些请求可能需要大量时间来响应的情况。即使我们正在执行批量任务，异步通信模式也可以帮助应用程序保持响应。实现响应或快速响应的方式是使核心任务执行异步，可以把它想象成请求服务执行某项任务的代码，比如更新数据库中的数据，服务接收数据并立即响应它已收到数据。注意此时服务尚未完成对数据库的实际写入，但会向调用方法返回成功消息。

一个相关性更高的例子是，当需要服务来执行复杂任务时，例如通过计算每个员工的纳税义务来生成 Excel 报告，这需要根据每个员工提供的工资和税收详细信息动态计算。因此，当税务报告服务收到生成此类报告的请求时，它将只返回确认收到请求的响应，并且 UI 将在几分钟后显示刷新页面的消息以查看更新的报告链接。这种方式不会锁死终端用户，用户可以在后端生成报告时执行其他任务。

异步通信在多个级别处理。例如，当浏览器对服务器进行调用时，JavaScript 框架（如 ReactJS 或 AngularJS）会根据接收的数据量智能地呈现屏幕，并异步等待待处理的数据。本书将更多地关注 Java 中的异步通信。在 Java 中处理异步任务的最简单方法是通过多线程。

来看一个例子。有这么一个场景，我们希望在 UI 上显示员工列表，同时编译包含一些复杂计算的报表并将其发送给管理员，以下代码显示了使用同步方式调用的代码的外观：

```
/**
 * This method generates Employee data report and emails it to admin. This also
 * returns number of employees in the system currently.
```

```
 *
 * @return EmployeeCount
 * @throws ServletException
 * @throws IOException
 */
@RequestMapping(method = RequestMethod.GET, value = "/report")
public List<Employee> EmployeeReport() throws ServletException, IOException
{
  // Lets say this method gets all EmployeeDetails First
  List<Employee> empList = new EmployeeService().getEmployees();
  // Say there is a ReportUtil which takes the list data, does
  some calculations
  // and dumps the report at a specific location
  String reportPath = ReportUtil.generateReport();
  // Finally say we have an email service which picks the report
  and send to admin.
  EmailUtil.sendReport(reportPath);
  // Finally return the employee's count
  return empList;
}
```

假设获取数据需要一秒钟，生成报告需要四秒钟，并且通过电子邮件发送报告需要两秒钟，让用户等待他/她的数据七秒钟，我们可以让报告异步以加快通信速度：

```
/**
 * This method generates Employee data report and emails it to admin. This also
 * returns number of employees in the system currently.
 *
 * @return EmployeeCount
 * @throws ServletException
 * @throws IOException
 */
@RequestMapping(method = RequestMethod.GET, value = "/report")
public List<Employee> EmployeeReport() throws ServletException, IOException
{
  // Lets say this method gets all EmployeeDetails First
  List<Employee> empList = new EmployeeService().getEmployees();
  Runnable myrunLambda = ()->
  {
    // Say there is a ReportUtil which takes the list data, does
    some calculations
    // and dumps the report at a specific location
    String reportPath = ReportUtil.generateReport();
    // Finally say we have an email service which picks the report
    and send to admin.
    EmailUtil.sendReport(reportPath);
  };
  new Thread(myrunLambda).start();
  // Finally return the employee's count
  return null;
}
```

我们已将报告生成和电子邮件部分移出关键路径，主线程现在在获取记录后立即返回，报告功能在单独的线程中实现。除了线程之外，实现异步通信的另一个重要方法是使用消息队列和消息驱动 bean。

7.1.3　缓存模式

另一种可用于确保应用程序响应的模式是实现缓存。缓存通过缓存结果来以更快的方式处理类似类型的请求。我们可以在不同级别实现缓存，例如控制器级别、服务层级别、数据层级别等。我们还可以在请求到达代码之前实现缓存，也就是说，在服务器或负载均衡器级别。为了本章的目的，举一个非常简单的例子来看看缓存如何帮助我们提高性能。我们写一个简单的 Web 服务为员工返回数据：

```java
/**
 * This method fetches a particular employee data.
 * @param id
 * @return
 * @throws ServletException
 * @throws IOException
 */
@RequestMapping(method = RequestMethod.GET, value = "/{id}")
public Employee EmployeeDataService(@PathVariable("id") String id) throws
ServletException, IOException
{
  /*
   * Again, to keep it simple, returning a dummy record.
   */
  EmployeeService employeeService = new EmployeeService();
  Employee emp = employeeService.getEmployee(id);
  return emp;
}
```

此方法从数据库中提取数据并将其返回给最终用户。

Java 中有许多缓存实现，为了这个例子，我们创建一个非常简单的缓存机制：

```java
/**
 * A simple cache class holding data for Employees
 *
 */
class EmployeeCache
{
  static Map<String,Employee> cache = new HashMap<String,Employee>();
  /**
   * get Employee from cache
   * @param id
   * @return Employee
   */
  public static Employee getData(String id)
  {
```

```java
    return cache.get(id);
}
/**
 * Set employee data to cache
 * @param id
 * @param employee
 */
public static void putData(String id, Employee employee)
{
    cache.put(id, employee);
}
}
```

更新方法来使用缓存：

```java
/**
 * This method fetches a particular employee data.
 * @param id
 * @return
 * @throws ServletException
 * @throws IOException
 */
@RequestMapping(method = RequestMethod.GET, value = "/{id}")
public Employee EmployeeDataService(@PathVariable("id") String id) throws
ServletException, IOException
{
    /*
     * Lets check of the data is available in cache.
     * If not available, we will get the data from database and
     add to cache for future usage.
     */
    Employee emp = EmployeeCache.getData(id);
    if(emp==null)
    {
        EmployeeService employeeService = new EmployeeService();
        emp = employeeService.getEmployee(id);
        EmployeeCache.putData(id, emp);
    }
    return emp;
}
```

我们可以看到第一次寻找员工的详细信息，这些信息不会出现在缓存中，执行从数据库中获取数据的正常流程，此数据将添加到缓存中，因此，任何后续获取同一员工数据的请求都不需要访问数据库。

7.1.4 扇出与最快响应模式

在某些应用中，速度非常重要，尤其是在处理实时数据的情况下，例如在投注站点上，根据实时事件计算赔率非常重要。在过去的五分钟内得分，对于一场公平的比赛，将大大改变球队获胜的几率，你希望在人们开始加注之前，在不到一秒的时间之内能够把这一点反映在网站上。在这种情况下，请求处理的速度很重要，我们希望服务的多个实例处理请求。我们将接受首先响应的服务的响应，并丢弃其他服务请求。正如所见，这种方法确实可以保证速度，但需要付出代价。

7.1.5 快速失败模式

快速失败模式指出，如果服务必须失败，它应该快速失败并尽快响应请求实体。想想这个场景，你点击了一个链接，它会显示一个加载器，但它让你等待了三到四分钟，然后显示错误消息：**服务不可用，请在 10 分钟后再试一次**。嗯，服务不可用是一回事，但为什么让别人等着告诉他们现在服务不可用。简而言之，如果服务必须失败，它至少应该快速失败以保持良好的用户体验。

实现快速失败的一个例子是，如果你的服务依赖于其他服务，则应该有一个快速机制来检查第三方服务是否已启动，这可以使用简单的服务 ping 来完成。因此，在发送实际请求并等待响应之前，我们会对服务的运行状况进行检查。如果我们的服务依赖于多种服务，这一点就更为重要。在开始实际处理之前检查所有服务的健康状况会让用户体验更好。如果有任何服务不可用，我们的服务将立即发送响应等待，而不是部分处理请求然后回应失败。

7.2 弹性模式

当考虑应用程序的弹性时，我们应该尝试回答以下问题：应用程序可以处理故障情况吗？如果应用程序的一个组件发生故障，它是否会导致整个应用程序崩溃？应用程序中是否存在单点故障？让我们看看一些有助于提高应用程序弹性的模式。

7.2.1 断路器模式

这是在系统中实现弹性和响应性的重要模式。通常，当系统中的服务失败时，它也会影响其他服务。例如，服务 X 调用系统中的服务 Y 来获取或更新某些数据。如果服务 Y 由于某种原因没有响应，服务 X 将调用服务 Y，等待它超时，然后自行失败。想想服务 X 本身被另一个服务 P 调用的场景，依此类推。考虑一下这里的级联故障，级联故障最终将导致整个系统崩溃。

受电路启发的断路器模式认为，我们应该将故障限制在单一的服务水平，而不是让故障传播。也就是说，我们需要一种服务 X 的机制来理解服务 Y 当前是不健康的，并能够正确处理这种情况。处理这种情况的一种方法是服务 X 调用服务 Y 时，如果它在 N 次重试后观察到服务 Y 没有响应，则认为服务不健康并将其报告给监控系统，同时，一段固定的时间（例如，我们设置了 10 分钟的阈值）内它停止调用服务 Y。

服务 X 处理此故障的优先级，取决于服务 Y 执行的操作的重要性。例如，如果服务 Y 负责更新账户详细信息，则服务 X 将向调用服务报告故障，或者是对于 Y 正在执行的所有服务均记录事务的详细信息，服务 X 会将日志记录详细信息添加到回退队列，回退队列可以在服务 Y 备份时清除。

断路器的重要因素是不要让单一服务故障导致整个系统崩溃。调用服务应该找出哪些是不健康的服务并管理后备方法。

7.2.2 故障处理模式

在系统中保持弹性的另一个重要方面是提出这样一个问题，如果一个或多个组件或服务出现故障，系统是否仍能正常运行？拿一个电子商务网站举例，许多服务和功能协同工作以保持站点正常运行，例如产品搜索、产品目录、推荐引擎、评论组件、购物车、支付网关等。如果其中一项服务（例如搜索组件）因负载或硬件故障而中断，是否会影响最终用户下订单？理想情况下，应该独立创建和维护这两项服务，如果搜索服务不可用，用户仍然可以在购物车中下订单，或直接从目录中选择商品并购买。处理故障的第二个方法是优雅地处理故障组件的任何请求。对于前面的示例，如果用户尝试使用搜索功能（例如，UI 上仍然可以使用搜索框），我们不应向用户显示空白页面或让他永远等待，可以向他显示缓存的结果，或者显示一条消息，说明服务将在接下来的几分钟内使用推荐目录启动。

7.2.3 有限队列模式

这种模式有助于保持系统的弹性和响应能力，它表明我们应该控制服务可以处理的请求数。大多数现代服务器都提供了一个请求队列，可以将其配置为让它知道在删除请求之前应该有多少请求排队，并将服务器忙信息发送回调用实体。我们正在将这个方法扩展到服务级别。每个服务都应该基于一个队列，该队列将保存要服务的请求。

队列应该具有固定大小，即服务在特定时间内（例如一分钟）可以处理的数量。比如说，如果我们知道服务 X 可以在一分钟内处理 500 个请求，就将队列大小设置为 500，并且向任何更多的其他请求回复有关服务正忙的消息。基本上，我们不希望呼叫实体等待很长时间并影响整个系统的性能。

7.2.4 监控模式

为了保持系统的弹性，我们需要一个方法来监控服务性能和可用性，我们可以向应用程序和服务添加多种类型的监视。例如，为了响应，我们可以向应用程序添加定期 ping，并验证响应所花费的时间，或者可以检查系统的 CPU 和 RAM 使用情况。如果使用的是第三方云，例如亚马逊 Web 服务（Amazon Web Services，AWS），则可以获得对此类监控的内置支持，否则的话，可以编写简单的脚本来检查当前系统的健康状况。日志监视用于检查应用程序中是否抛出错误或异常以及它们的危险程度。

通过监控，我们可以将警报和自动错误处理添加到系统中，警报意味着需要根据问题的严重性来发送电子邮件或文本消息。我们还可以建立升级机制，比如如果问题在 X 时间内没有得到解决，则会向下一级升级点发送一条消息。通过使用自动错误处理，在需要创建其他服务实例，需要重新启动服务等情况下，我们可以打电话通知。

7.2.5 舱壁模式

舱壁是从货船借来的术语。在货船中，舱壁是在不同货物区段之间建造的墙壁，这确保一个区域内的火灾或洪水仅限于该区域，而其他区域不受影响。你肯定已经猜到了我们想要建议的内容：一个服务或一组服务中的故障不应该导致整个应用程序崩溃。

为了实现舱壁模式，我们需要确保所有服务彼此独立工作，并且一个服务中的故障不会导致另一个服务故障。诸如维护单一职责模式，异步通信模式或快速失败和故障处理模式等技术有助于我们实现在整个应用程序中阻止一个故障传播的目标。

7.3 柔性模式

应用程序必须对可变负载条件做出反应。当负载增加或减少时，应用程序不应受到影响,并且应该能够处理任何负载级别而不会影响性能。柔性的一个未提及方面是应用程序不应使用不必要的资源。例如,如果你希望服务器每分钟处理一千个用户,那么就不会设置一个基础架构来处理一万个用户,因为这将支付所需成本的10倍。同时需要确保如果负载增加,应用程序不会被阻塞。让我们来看看一些有助于保持系统柔性的重要模式。

7.3.1 单一职责模式

单一职责模式也称为简单组件模式或微服务模式,是OOP单一职责原则的扩展。我们在第1章中已经讨论过单一职责原则。在基础层面,当应用于面向对象的编程时,单一职责原则规定一个类只有一个改变的理由。将该定义进一步扩展到架构级别,将此原则的范围扩展到组件或服务。现在我们将单一职责模式定义为一个组件或服务只负责一个任务。

单一职责模式将应用程序划分为更小的组件或服务,其中每个组件仅负责一个任务,将服务划分为较小的服务将其变成微服务,这些服务更易于维护、扩展和增强。

为了进一步说明这一点,假设我们有一个名为updateEmployeeSalaryAndTax(更新员工工资和税)的服务,此服务获取基本工资并使用它来计算总工资,包括变量和固定组件,最后计算税额:

```
public void updateEmployeeSalaryAndTax(String employeeId, float baseSalary)
{
/*
 * 1. Fetches Employee Data
 * 2. Fetches Employee Department Data
 * 3. Fetches Employee Salary Data
 * 4. Applies check like base salary cannot be less than existing
 * 5. Calculates House Rent Allowance, Grade pay, Bonus component
 based on Employees
 * position, department, year of experience etc.
 * 6. Updates Final salary Data
 * 7. Gets Tax slabs based on country
 * 8. Get state specific tax
 * 9. Get Employee Deductions
 * 10. Update Employee Tax details
 */
}
```

虽然每当工资更新时计算这个都是合乎逻辑的,但如果我们只需要计算税收呢?比如说,员工更新了节税详情,为什么我们需要再次计算所有薪资详情,而不仅仅是更新税务数据。复杂的服务不仅通过添加不必要的计算而增加了执行时间，而且还妨碍了可扩展性和可维护性。假设需要更新税收公式，我们最终还会更新具有薪资计算明细的代码，整体回归范围区域增加。此外，假设我们知道薪资更新并不常见，但税务计算会针对每个节税详情更新而进行更新，税务计算本质上也很复杂。我们倾向于将 SalaryUpdateService 保留在较小容量的服务器上，并将 TaxCalculationService 保存在单独的更大的计算机上，或者维护多个 TaxCalculationService 实例。

检查服务是否只执行一项任务的经验法则是尝试用简单的英语解释它并查找单词 and。例如，如果说此服务更新工资详细信息并（and）计算税，或此服务修改数据格式并（and）将其上传到存储。在看到 and 在服务的解释中的那一刻，我们知道这可以进一步细分。

7.3.2 无状态服务模式

为了确保我们的服务具有可扩展性，要以无状态方式构建它们，对于无状态，意思是该服务不保留以前调用中的任何状态，并将每个请求视为新的请求。这种方法带来的好处是，我们可以轻松地创建相同服务的副本，并确保无论哪个服务实例正在处理请求均无关紧要。

例如，假设我们有 EmployeeDetails 服务的 10 个实例，它负责为我提供 <url>/employees/id，并返回特定员工的数据。无论哪个实例正在为请求提供服务，用户总是会获得相同的数据。这有助于维护系统的柔性属性，因为我们可以随时启动任意数量的实例，并根据当时服务的负载将其降低。

让我们来看一个反例，假设我们正在尝试使用会话或 cookie 来维护用户操作的状态。在 EmployeeDetails 服务上执行操作：

- 状态 1：John 成功登录。
- 状态 2：John 请求 Dave 的员工详细信息。
- 状态 3：John 请求工资详情，就像他在 Dave 的详细信息页面上一样，系统返回 Dave 的薪水。

在这种情况下，除非拥有前一个状态的信息，否则状态 3 请求并不意味着什么。

我们收到一个请求 <url>/salary-details，然后查看会话以了解谁在询问详细信息以及请求的对象。好吧，保持状态并不是一个坏主意，但它可能会妨碍可扩展性。

假设我们看到 EmployeeDetail 服务的负载增加，并计划将第二个服务器添加到集群中，问题在于，前两个请求前进到方框 1，第三个请求前进到方框 2，现在方框 2 没有线索谁在询问工资详情和为谁。有一些解决方案，例如维护粘性会话或跨盒子复制会话或将信息保存在公共数据库中。但这些都需要做更多的工作，这就违背了快速自动缩放的目的。

如果我们认为每个请求都是独立的—即在提供所要求的信息、由谁、用户的当前状态等方面自给自足，就可以不再担心维护用户的状态了。

例如，从 /salary-details 到 /employees/{id}/salary-details 的请求调用，简单更改成提供其详细信息的信息。关于谁在询问细节 – 即用户身份验证 – 我们可以使用诸如基于令牌的身份验证之类的技术或者通过请求发送用户令牌。

我们来看看基于 JWT 的身份验证。JWT 代表 JSON Web Token，它只不过是嵌入在令牌或字符串中的 JSON。我们先来看看如何创建 JWT 令牌：

```
/**
* This method takes a user object and returns a token.
* @param user
* @param secret
* @return
*/
public String createAccessJwtToken(User user, String secret)
{
  Date date = new Date();
  Calendar c = Calendar.getInstance();
  c.setTime(date);
  c.add(Calendar.DATE, 1);
  // Setting expiration for 1 day
  Date expiration = c.getTime();
  Claims claims = Jwts.claims().setSubject(user.getName())
  .setId(user.getId())
  .setIssuedAt(date)
  .setExpiration(expiration);
  // Setting custom role field
  claims.put("ROLE",user.getRole());
  return Jwts.builder().setClaims(claims).signWith
  (SignatureAlgorithm.HS512, secret).compact();
}
```

同样，我们将编写一个方法来获取令牌并从令牌获取详细信息：

```
/**
* This method takes a token and returns User Object.
* @param token
* @param secret
* @return
*/
public User parseJwtToken(String token, String secret)
{
  Jws<Claims> jwsClaims ;
  jwsClaims = Jwts.parser()
  .setSigningKey(secret)
  .parseClaimsJws(token);
  String role = jwsClaims.getBody().get("ROLE", String.class);
  User user = new User();
  user.setId(jwsClaims.getBody().getId());
  user.setName(jwsClaims.getBody().getSubject());
  user.setRole(role);
  return user;
}
```

关于 JWT 的完整讨论超出了本书的范围，但前面的代码应该有助于我们理解 JWT 的基本概念。在令牌中添加有关请求实体的任何关键信息，这样我们就不需要明确地维护状态。令牌可以作为参数或头的一部分在请求中发送，并且服务实体将解析令牌以确定该请求是否确实来自有效方。

7.3.3　自动伸缩模式

自动伸缩模式更像是一种部署模式，而不是开发模式。理解这一点很重要，因为它会影响我们的开发实践。自动伸缩与应用程序的柔性属性直接相关。可以按比例放大或缩小服务，以两种方式处理更多或更少数量的请求：垂直缩放和水平缩放。垂直缩放通常是指向同一台机器添加更多功率，而水平缩放是指添加更多可以加载共享的实例。由于垂直缩放通常很昂贵并且有限制，因此当我们谈论自动缩放时，通常指的是水平缩放。

自动伸缩模式通过监视实例容量使用，并基于此实现自动调节。例如可以设置一个规则，每当托管服务的实例集群的平均 CPU 使用率超过 75% 时，应启动一个新实例以减少其他实例的负载。同样可以有一个规则，即每当平均负载降低到 40% 以下时，就杀死一个实例以节省成本。大多数云服务提供商（如亚马逊）都提供内置的自动扩展支持。

7.3.4　自包含模式

简而言之，自包含意味着应用程序或服务应该是自给自足的或能够作为独立实体工作而不依赖于任何其他实体。假设有一个 EmployeeData 服务，用于处理一般员工数据处理和 EmployeeSalary 的另一项服务。我们负责维护与 EmployeeData 服务的数据库连接。因此，每次 EmployeeSalary 服务需要处理数据库时，它都会调用 EmplyeeData 服务的 getDatabaseHandle 方法，这样做会增加不必要的依赖关系，这意味着除非 EmployeeData 服务已启动且工作正常，否则 EmployeeSalary 服务将无法正常运行。因此，Employee-Salary 服务应该维护自己的数据库连接池并以自治方式运行，这才是合乎逻辑的。

7.4 消息驱动通信模式

依赖基于消息的通信，我们可以避免紧密耦合，增强弹性，因为组件可以增长或缩小而不必担心其他组件，也能够处理故障情况，因为一个组件的问题不会传播到其他组件。以下是使用响应式应用程序编程时需要了解的主要设计模式。

7.4.1 事件驱动通信模式

事件驱动的通信是指两个或多个组件基于某些事件相互发送消息。事件可以是添加新数据，更新数据状态或删除数据。例如，在向系统添加新员工记录时，需要将电子邮件发送给管理员，负责管理员工记录的服务或组件将在添加新记录时向负责电子邮件功能的组件发送消息。有多种方法可以处理此类通信，最常见的方法是使用消息队列。事件触发组件向队列添加消息，接收器读取此消息并执行其部分操作，在这个例子里，接收器向管理器发送了电子邮件。

事件驱动模式背后的思想是两个组件彼此独立，但可以相互通信并执行所需的操作。在前面的示例中，电子邮件组件独立于添加记录的组件。如果电子邮件组件无法立即处理请求，也不会影响添加记录。由于某种原因，电子邮件组件可能正在加载或关闭。当电子邮件组件准备好处理该消息时，它将从队列中读取并执行它需要执行的操作。

7.4.2 出版者–订阅者模式

出版者–订阅者模式通常称为 Pub-Sub 模式，它可以被认为是事件驱动通信的扩展。在事件驱动的通信中，一个动作触发一个事件，另一个组件需要在该事件的基础上执行某些动作。如果多个组件有兴趣收听消息怎么办？如果同一组件有兴趣收听多种类型的消息该怎么办？通过使用主题解决了这个问题。从更广泛的角度来说，可以将事件视为一个主题。

让我们重新审视员工记录添加事件需要向经理触发电子邮件的示例。假设还有其他组件，例如运输系统、薪资管理系统等，它们也需要根据添加新员工记录的事件执行某些操作。此外，假设电子邮件管理器组件也对更新员工记录和删除员工记录等事件感兴趣，在这些情况下，也应该触发向经理发送电子邮件。基于此，我们创建三个名为 Employee Added、Employee Updated、Employee Deleted 的主题。负责管理员工数据的组件会将所有事件发布到队列，这个组件称为发布者。对一个或多个主题感兴趣的组件将订阅这些主题，该组件称为订阅者。订阅者将听取它们感兴趣的主题，并根据收到的消息采取行动。

Pub-Sub 模式帮助我们实现组件之间的松耦合，因为订阅者不需要知道发布者是谁，反之亦然。

7.4.3 幂等性模式

当目标是消息驱动和异步通信时，可能会带来一些问题。例如，如果将重复的消息添加到系统中，它是否会破坏状态？假设我们有银行账户更新服务，我们发送一条消息向该账户添加 1000 美元，如果有重复的消息怎么办？如果收到重复的消息，系统将如何确保它不会两次添加钱？此外，该系统如何区分重复消息和新消息？

有各种技术可用于解决此问题，最常见的是为每条消息添加消息编号或 ID，这样系统可以确保每个具有唯一 ID 的消息只处理一次。另一种方法是保留消息中的先前状态和新状态——比如旧余额为 X 且新余额为 Y——并且系统负责应用验证以确保消息中提到的状态（旧余额）匹配系统的状态。最重要的是，无论何时构建系统，我们都需要确保应用程序能够正确处理重复发送的消息并且不会破坏系统状态的情况。

7.5 总结

本章讨论了有助于维护应用程序的响应性的模式，或者换句话说，帮助我们实现响应式编程的四大关键，即响应性、弹性、柔性和消息驱动的通信。在下一章中，我们将探索一个设计良好的应用程序的"现代"方面。

第 8 章

应用架构的发展趋势

开发应用程序之前,首先要确定的是其使用的架构设计。在过去几十年,软件行业不断成熟,设计系统的方式也发生了变化。本章将会讨论最近几年开始流行并且目前还在被广泛使用的一些重要架构,将分析这些架构模式的美与丑、好与坏,并且会找出哪种模式对应解决哪种问题。本章主要介绍以下内容:

- 什么是应用架构
- 分层架构
- MVC 架构
- 面向服务架构
- 微服务架构
- 无服务器架构

8.1 什么是应用架构

开发应用程序时,首先会有一系列的需求,我们需要设计出可以满足所有需求的解决方案,这种设计方案就叫作应用程序架构。我们首要考虑的一个重要因素是架构不仅仅要关注当前的需求,还应该将未来的预期变化考虑在内。很多时候我们还要考虑到许多未明确指出的需求，即非功能性需求。功能性需求一般会在需求文档中进行描述，而非功能需求则需要架构师或高级开发人员进行确定。应用程序的性能需求、可扩展性需求、安全性需求、可维护性、可增强性、可用性等，都是在设计解决方案时需要考虑的一些重要的非功能性需求。

由于在实际工作过程中并没有固定的规则，这使得应用架构设计这项工作具有趣味性和挑战性。适用于某个应用程序的架构设计不一定适用于另一个应用程序，例如，银行业的解决方案架构与电子商务的解决方案架构就不同。此外，在一个解决方案中，不同的组件也可能会遵循不同的设计方法，例如，你可能希望其中一个组件支持基于HTTP-REST 的通信方式，而对于另一个组件则主张使用消息队列进行通信。最佳可行的方法就是随机应变，根据当前的问题进行架构定制。

在下面的章节中，我们将讨论 Java 企业版本（JEE）应用程序中一些最常见和最有效的架构模式。

8.2 分层架构

我们尝试将代码和实现划分为不同的层，使每个层都有固定的职责，没有一种固定的分层方式可以适合所有项目，因此需要仔细思考哪种分层方式适合于你手头的项目。

图 8-1 表示一个常见的分层体系架构，在构建典型 Web 应用程序时，可以依此开始。

该设计分为以下层：

- 表示层
- 控制层 /Web 服务层
- 服务层
- 业务层
- 数据访问层

表示层指管理用户界面（UI）的层，主要使用 HTML/JavaScript/JSP 等语言，与终端用户直接进行交互。

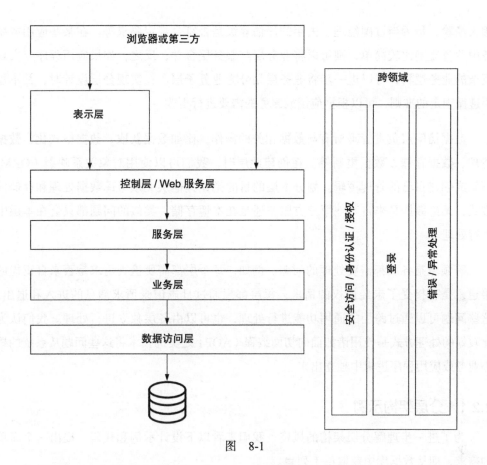

图 8-1

控制层 /Web 服务层是第三方请求的入口。请求主要来自于表示层，当然也可以来自其他服务（比如移动应用或桌面程序）。由于它是所有请求的入口，因此该层适用于任何初始级的检查、数据清洗、验证和安全需求（如身份验证和授权等）等。一旦通过这些检查，该请求就会被接受并进行处理。

服务层（也被称为应用层）负责提供不同的服务，例如添加记录、发送电子邮件、下载文件、生成报告等。在轻量级应用程序中，尤其是当服务层只负责处理 Web 请求时，可以将服务层与 Web 服务层合并。如果当前服务能够被其他服务调用，那么最好将它与 Web 服务 / 控制层区进行逻辑分离。

业务层包含所有与业务相关的逻辑。例如在员工数据管理服务中，如果系统尝试完成将员工提升为经理的操作，那么业务层会负责进行业务检查，包括员工是否具有相关经验、是否当过副经理、去年的评估等级是否符合规定要求等。在某些应用或服务中业务规则比较简单，则可以将业务层与服务层合并；反之，如果应用程序要实现复杂的业务逻辑，可以进一步将业务层划分为业务子层。在实现分层设计时，并不需要遵循固定的准则，可以根据应用或服务的需要进行更改。

数据访问层负责管理所有与数据相关的操作，比如数据获取、数据格式化、数据清理、数据存储、数据更新等。在创建此层时，我们可以使用对象关系映射（ORM）框架或创建自己的管理逻辑。划分本层的目的是让其他层无须考虑数据处理和存储的方式，无论数据是来自其他第三方服务还是在本地存储，类似的问题都只会在本层中进行处理。

跨领域是各层都需要处理的问题。例如，每个层都需要检查请求是否来自正规的渠道，是否接受了未经授权的请求，每层都想通过日志记录请求消息的进入和退出。这些问题可以通过跨层的通用功能进行处理，也可以由各层独立进行处理。我们认为比较好的处理方式是使用诸如面向切面编程（AOP）之类的技术将这些问题从系统的核心业务或应用程序逻辑中独立出来。

8.2.1 分层架构示例

为了进一步理解分层架构的风格，我们来看以下设计示例和代码。提出一个简单的需求，即从数据库中获取员工列表。

首先，让我们从分层的角度来分析这个需求，如图 8-2 所示。

本例一共创建了四个层。表示层是带有 JavaScript 脚本的简单 HTML 页面。你可能希望使用复杂的框架（例如 ReactJS 或 AngularJS）来组织表示层结构，但在这个例子中只有一个简单的表示层功能，即单击"显示员工列表"按钮，对控制层进行 AJAX 调用，并获取员工数据。

下面是一个简单的 JavaScript 函数，用于获取员工信息并将其显示在用户界面上：

```
function getEmployeeData()
{
  var xhttp = new XMLHttpRequest();
  xhttp.onreadystatechange = function()
  {
    if (this.readyState == 4 && this.status == 200)
```

```
    {
      document.getElementById("demo").innerHTML = this.responseText;
    }
  };
  xhttp.open("GET", "/LayeredEmployeeExample/service/employees/", true);
  xhttp.send();
}
```

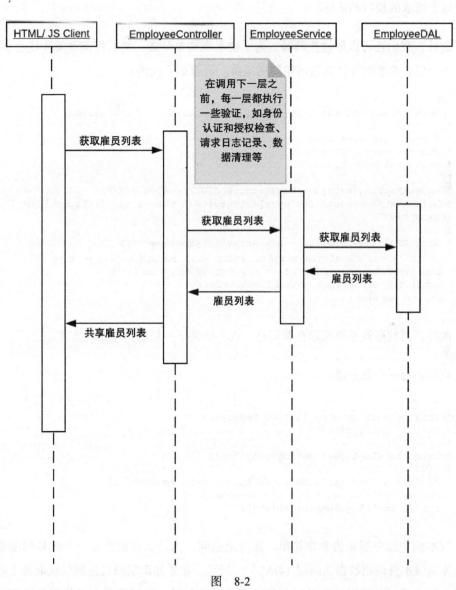

图 8-2

你可以看到表示层并不清楚下一层的详细实现过程，它只认识为其提供所需数据的 API 接口。

接下来转到 Web 服务 / 控制层。本层的职责是确保请求拥有正确的格式和正确的来源。Java 中有许多框架，例如 Spring Security 和 Java Web Token，都可以帮助我们实现每个请求的授权和认证。

此外，我们还可以创建拦截器。为了使本章简单易懂，我们将重点关注核心功能，即从下一层获取数据并将其返回给调用函数，请看如下代码：

```java
/**
* This method returns List of all the employees in the system.
*
* @return Employee List
* @throws ServletException
* @throws IOException
*/
@RequestMapping(method = RequestMethod.GET, value = "/")
public List<Employee> EmployeeListService() throws ServletException,
IOException
{
    List<Employee> empList = new ArrayList<Employee>();
    // Let's call Employee service which will return employee list
    EmployeeService empService = new EmployeeService();
    empList = empService.getEmployeeList();
    return empList;
}
```

同样，当前层既不知道谁在调用它，也不清楚下一层的具体实现方式。

我们还有一个服务层：

```java
/**
* This methods returns list of Employees
* @return EmployeeList
*/
public List<Employee> getEmployeeList()
{
    // This method calls EmployeeDAL and gets employee List
    EmployeeDAL empDAL = new EmployeeDAL();
    return empDAL.getEmployeeList();
}
```

在本例中服务层逻辑非常简单。你可能会问，为什么我们需要一个额外的层而不是从控制层本身调用数据访问层（DAL）？当然，如果你确定通过控制层获取员工数据是唯一的方式，就可以这么做。我们建议使用服务层，因为还存在其他服务调用我们的服务，不需要进行重复的业务层或数据访问层调用。

如果你观察仔细，可以看到我们跳过了业务层。不需要为了拥有所有层结构而设置层，同样也可以根据需要分成多个层或加入新的层。在本例中不需要实现任何业务规则，因此我们省略了该层。另一方面，如果想要实现一些业务规则，比如对某些特定角色隐藏某些员工的记录，或者在向最终用户显示之前进行修改，我们都可以在业务层中实现。

继续来看最后一层——数据访问层。示例中数据访问层负责获取数据并将其返回到调用它的层。请看如下代码：

```java
/**
 * This methods fetches employee list and returns to the caller.
 * @return EmployeeList
 */
public List<Employee> getEmployeeList()
{
    List<Employee> empList = new ArrayList<Employee>();
    // One will need to create a DB connection and fetch Employees
    // Or we can use ORM like hibernate or frameworks like mybatis
    ...
    return empList;
}
```

8.2.2　tier 和 layer 的区别

在英文技术文档中，我们常看到单词 tier 和 layer 互换使用，它们都是"层"的意思。例如，同一段代码既可以用 presentation tier 表示，也能用 presentation layer 表示。虽然互换使用没有任何坏处，但建议你还是要了解，在根据物理部署要求划分代码时常常使用 tier，而 layer 则更关注逻辑上的划分。

8.2.3　分层架构的作用

- 代码组织：分层体系结构有助于在代码中独立实现每层，这使得代码更具有可读性。例如，要查看从数据库访问特定数据的实现逻辑，你可以忽略其他层，直接查看数据访问层。
- 易于开发：由于代码在不同的层中实现，我们可以以独立的方式组织团队，不同的小组负责不同层的代码实现。

8.2.4　分层架构面临的挑战

分层架构会面临以下挑战：

- 开发过程：由于代码之间仍然紧密耦合，我们无法保证可以完全独立地部署每个层，最终可能还是需要进行整体部署。
- 可扩展性：由于仍然将整个应用程序视为整体部署，因此我们无法独立地扩展组件。

8.3 MVC 架构

另一个广泛使用的代码组织标准是基于模型 – 视图 – 控制器（MVC）架构的设计模式。顾名思义，我们将应用程序分为三个部分，即模型、视图和控制器。遵循 MVC 架构有助于将关键逻辑分离，更好地组织代码。请看以下内容：

- 模型：模型是数据的表示形式。数据是任何应用的关键部分，模型层负责组织和实现用以管理和修改数据的逻辑，它会处理在数据被修改时所能发生的任何事件，简而言之，模型实现了核心业务。
- 视图：应用中的另一个重要部分是视图，即与终端用户交互的部分。视图负责向终端用户展示信息并从用户获取输入，该层需要确保终端用户能够获得预期的功能。
- 控制器：顾名思义，控制器主要用于控制流。当视图上发生某些操作时，它会通知控制器，然后控制器确定这项活动是否会反过来作用于模型或视图。

由于 MVC 是一种古老的架构模式，已经被不同的架构师和开发人员以不同方式解释和使用过，所以在你的工作过程中可能会接触过不同实现方式的 MVC 模式。在这里，我们将从一个简单的实现开始，然后转向特定的 Java 的实现方式。图 8-3 给出了对 MVC 流程的基本解释。

如图 8-3 所示，终端用户根据操作（例如表单提交或按钮单击）与控制器进行交互，控制器接受此请求并更新模型中的数据。最后，视图组件根据模型上的操作获取更新，呈现更新的视图以供用户查看和执行进一步的操作。

之前提到，MVC 是一种古老的模式，最初用于桌面程序和静态应用中，许多 Web 框架通过不同方式对其进行实现。Java 中也是一样，有许多框架提供 Web MVC 实现，其中，Spring MVC 是最常用的框架之一，值得学习。

第 8 章 应用架构的发展趋势 ❖ 167

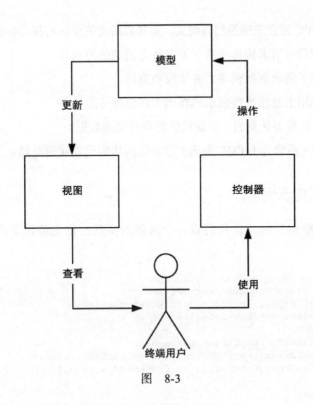

图 8-3

图 8-4 解释了高级别 Spring MVC 中的控制流程。

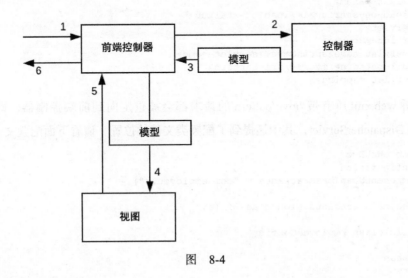

图 8-4

让我们仔细看看这个流程:

1）Spring MVC 遵循前端控制器模式，意味着所有请求最初都必须流经调度 servlet。

2）前端控制器将请求传递给用于处理特定请求的控制器。

3）控制器基于请求更新模型，并将模型返回。

4）框架选择用于处理当前请求的视图并将模型传递给它。

5）视图（通常是 JSP 页面）根据提供的模型呈现数据。

6）最终响应（通常是 HTML 页面）被发送回呼叫代理或浏览器。

8.3.1 MVC 架构示例

为了进一步澄清问题，让我们看一个具体的实现，首先将以下内容添加到 web.xml 中：

```xml
<servlet>
  <servlet-name>springmvc</servlet-name>
  <servlet-class>org.springframework.web.servlet.
  DispatcherServlet</servlet-class>
  <init-param>
    <param-name>contextClass</param-name>
    <param-value>org.springframework.web.context.support.
    AnnotationConfigWebApplicationContext</param-value>
  </init-param>
  <init-param>
    <param-name>contextConfigLocation</param-name>
    <param-value>com.employee.config.EmployeeConfig</param-value>
  </init-param>
  <load-on-startup>1</load-on-startup>
</servlet>
<servlet-mapping>
  <servlet-name>springmvc</servlet-name>
  <url-pattern>/mvc/*</url-pattern>
</servlet-mapping>
```

告诉 web.xml 所有带 /mvc/pattern 的请求都会被重定向到前端控制器，即 Spring MVC 的 DispatcherServlet，其中还提到了配置类文件的位置。请看下面配置文件：

```java
@EnableWebMvc
@Configuration
@ComponentScan(basePackages = "com.employee.*")
/**
* The main Configuration class file.
*/
public class EmployeeConfig
{
  @Bean
  /**
  * Configuration for view resolver
  */
```

```java
public ViewResolver viewResolver()
{
  InternalResourceViewResolver viewResolver = new
  InternalResourceViewResolver();
  viewResolver.setViewClass(JstlView.class);
  viewResolver.setPrefix("/WEB-INF/pages/");
  viewResolver.setSuffix(".jsp");
  return viewResolver;
}
}
```

我们告诉应用程序所要使用的 Web MVC 框架以及组件的位置。此外，我们通过视图解析器通知应用程序视图的位置和格式。

请看控制器类的示例：

```java
@Controller
@RequestMapping("/employees")
/**
* This class implements controller for Employee Entity
*/
public class EmployeeController
{
  /**
  * This method returns view to display all the employees in the system.
  *
  * @return Employee List
  * @throws ServletException
  * @throws IOException
  */
  @RequestMapping(method = RequestMethod.GET, value = "/")
  public ModelAndView getEmployeeList(ModelAndView modelView) throws
  ServletException, IOException
  {
    List<Employee> empList = new ArrayList<Employee>();
    EmployeeDAL empDAL = new EmployeeDAL();
    empList = empDAL.getEmployeeList();
    modelView.addObject("employeeList", empList);
    modelView.setViewName("employees");
    return modelView;
  }
}
```

我们可以看到该控制器以模型的形式获取数据，并向应用程序告知响应当前请求的视图，返回包含有关视图和模型的信息的 ModelAndView 对象。

控制器将其传递给视图，在本例中为 employees.jsp

```
<%@ page language="java" contentType="text/html; charset=UTF-8"
pageEncoding="UTF-8" %>
<!DOCTYPE html PUBLIC "-//W3C//DTD HTML 4.01 Transitional//EN"
```

```
"http://www.w3.org/TR/html4/loose.dtd">
<html>
  <head>
    <meta http-equiv="Content-Type" content= text/html; charset=UTF-8">
    <title>Welcome to Spring</title>
    <%@ taglib uri="http://java.sun.com/jsp/jstl/core" prefix="c" %>
  </head>
  <body>
    <table>
      <th>Name</th>
      <th>Email</th>
      <th>Address</th>
      <th>Telephone</th>
      <th>Action</th>
      <c:forEach var="employee" items="${employeeList}">
        <tr>
          <td>${employee.id}</td>
          <td>${employee.name}</td>
          <td>${employee.designation}</td>
        </tr>
      </c:forEach>
    </table>
  </body>
</html>
```

我们可以看到，上述视图 JSP 的功能就是创建一个以表格形式显示员工详细信息的 HTML。

Spring MVC 是一种经典的实现 MVC 的方式。在最新发展趋势中，我们尽量不使用 JSP，从而保持关注点的分离。在现代应用程序中，视图通常会独立于服务器端代码，使用 JavaScript 框架（如 ReactJS、AngularJS 等）在前端完全呈现。尽管 MVC 的核心原则仍然适用，但通信方式已经发生了改变。

8.3.2 更现代的 MVC 实现

对于富互联网应用程序，MVC 的实现方式如图 8-5 所示。

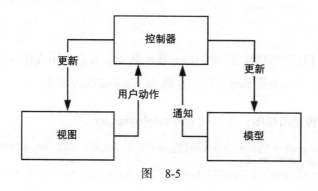

图 8-5

核心思想是模型和视图完全独立。控制器从视图和模型接收消息，并根据触发的动作更新它们。例如，当用户单击提交新员工记录的按钮时，控制器会收到此请求，然后更新模型，同样，当模型更新时，它会通知控制器，然后控制器更新视图以反映正确的模型状态。

8.3.3　MVC 架构的作用

- 关注点分离：与分层体系结构类似，MVC 保证了关注点的分离，即视图、模型和控制器被视为不同组件，能够独立地进行开发和维护。
- 易于开发：应用程序包含不同的组件，模型、视图和控制器可以由不同的团队独立开发。当然，这些组件也需要集成为一个整体。

8.3.4　MVC 架构面临的挑战

MVC 架构面临的挑战如下：

- 可扩展性：由于要将整个应用作为整体进行部署，因此 MVC 架构无法保证其可扩展性。由于无法仅扩展与性能相关的部分，因此应用程序需要作为整体进行性能扩展。
- 可测试性：针对应用 MVC 架构的应用程序进行测试并不容易。虽然我们可以独立地测试每一个组件，但要在两个终端之间进行测试时，需要集成其所有组件。

8.4　面向服务架构

当我们谈论面向服务的架构（SOA）方法时，主要讨论的内容就是应用程序的各种服务和可重用单元。比如电子商务购物网站，以亚马逊为例子，它被认为是多个服务的组合，而并非单一的应用程序，有负责实施产品搜索的搜索服务，有实现购物车维护的购物车服务，有独立处理支付的支付处理服务等。SOA 的核心思想是将应用程序分解为可以彼此独立开发、部署和维护的服务。

为了了解面向服务的体系架构方法的优势，让我们思考以下情况——将应用程序划分为 10 个独立服务，因而将架构的复杂性降低了 10 倍，也能够将团队分成 10 个部分，维护较小的团队更容易。此外，它让我们可以自由独立地构建、实施、部署和维护每项服务。如果使用某一种语言或框架能够更好地实现某一项特定服务，而另一种服务可以用完全不同的语言或框架实现，我们可以轻松地实现这一点。通过独立部署，我们可以根据其使用情况独立扩展每项服务。此外，我们还可以确保如果一个服务停止或遇到任何问题，其他服务仍然能够毫无问题地响应。例如，由于某种原因电子商务系统中的搜索服务得不到响应，但购物车和购买功能却不会受到影响。

8.4.1 面向服务架构示例

假设我们正在创建一个员工管理系统，其主要功能是创建、编辑和删除记录，管理员工公文、休假计划、评估和行程等。根据需求定义，我们将它分解成不同的服务，最终我们得到核心的员工记录管理服务、休假管理服务、文档管理服务等。这种分解为小型服务的首要优势在于我们可以迅速的针对这些服务进行独立设计和开发，可以将50人的大团队分为8～10个规模较小、易于管理的团队，每个团队都只负责自己的服务。我们有松耦合的服务，也意味着更改更容易，更改休假规则时不再需要更新整个代码。这种SOA方法还可以帮助我们按需分阶段交付，例如，如果不需要立刻实现休假管理服务，我们可以等到第二个版本再上线此功能。

图8-6直观地描述了SOA设计在前面示例中的结构。

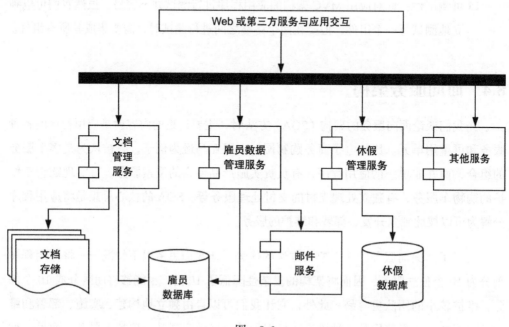

图 8-6

我们可以看到每项服务都有独立的标识。但是服务之间依然可以按需进行交互。此外，服务共享资源（如数据库和存储）的情况也比较常见。

对于每项服务，我们需要了解其三个核心组件：

- 服务提供者：提供服务的组件。服务提供者使用服务目录注册服务。
- 服务使用者：使用服务的组件。服务使用者可以在服务目录中查找服务。
- 服务目录：服务目录包含了一个服务列表。它与提供者和使用者交互，更新和共享服务数据。

8.4.2 Web 服务

顾名思义，Web 服务是通过 Web 或互联网提供的服务，它推广了面向服务的体系架构，使得应用程序通过互联网公开提供服务变得更加容易。有许多方法可以使应用程序通过互联网公开服务，其中，简单对象访问协议（SOAP）和 REST 是两种最常见的实现方式。

8.4.3 SOAP 与 REST

SOAP 和 REST 都实现通过互联网公开服务，但它们本质上是非常不同的。

SOAP 数据包基于 XML，需要采用特定的格式。以下是 SOAP 数据包的主要组成：

- 信封：将 XML 数据包标识为 SOAP 消息。
- 标题：提供标题信息（可选）。
- 正文：包含服务的请求和响应。
- 错误：提示状态和错误（可选）。

SOAP 数据包的代码如下所示：

```
<?xml version="1.0"?>
<soap:Envelope
xmlns:soap="http://www.w3.org/2003/05/soap-envelope/"
soap:encodingStyle="http://www.w3.org/2003/05/soap-encoding">
  <soap:Header>
  ...
  </soap:Header>
  <soap:Body>
  ...
```

```
      <soap:Fault>
        ...
      </soap:Fault>
   </soap:Body>
</soap:Envelope>
```

REST 没有那么多规则和格式。REST 服务通过在 HTTP 协议上支持一个或多个 GET、POST、PUT 和 DELETE 方法来实现。

针对 POST 请求的 JSON REST 有效负载示例如下所示：

```
{
  "employeeId":"1",
  "employeeName":"Dave",
  "department":"sales",
  ...
}
```

可以看到，其中并没有像 SOAP 中定义的数据包格式那样的额外开销。由于简单易用，基于 REST 的 Web 服务在过去几年中变得流行。

8.4.4　企业服务总线

在讨论面向服务的体系架构时，理解企业服务总线（ESB）对改善通信的作用非常重要。在开发不同的应用程序时，可能会创建多种不同的服务，在特定层级上，这些服务需要与另一个服务进行交互。这可能会增加很多复杂性，例如，一个服务能够理解基于 XML 的通信，另一个服务需要以 JSON 格式进行所有通信，还有一个服务需要基于 FTP 方式的输入。此外，我们还需要添加安全性、请求队列、数据清理、格式化等功能，企业服务总线为这些问题提供了良好的解决方案。

图 8-7 显示了不同服务如何独立的与 ESB 进行通信。

所有的服务都能够与 ESB 进行交互。比如，某个服务可以用 Java 编写，另一个服务用 .Net 编写，其他服务用其他语言编写。类似地，一个服务可以使用基于 JSON 的数据包，而另一个服务可以使用 XML。ESB 的功能就是确保这些服务能够顺利地相互通信，ESB 还有助于服务编排，即可以控制服务的排序和流程。

8.4.5　面向服务架构的作用

面向服务架构起到以下作用：

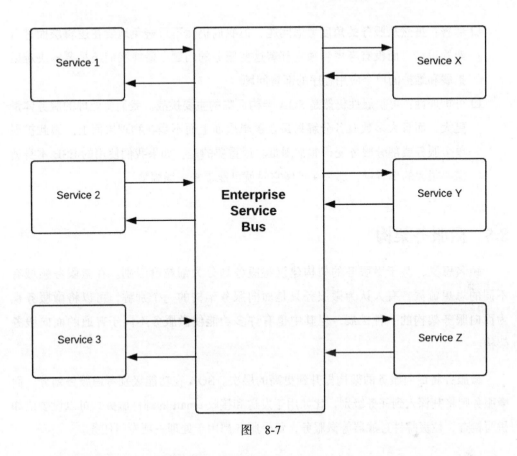

图 8-7

- 易于开发：由于可以将应用程序划分为不同的服务，因此团队间可以轻松地处理各自的服务而不会影响彼此的工作。
- 松耦合：每个服务都独立于其他服务，如果我们更改了服务的实现逻辑，只需要保持 API 请求和响应不变，用户无须知道更改的内容。例如，服务之前直接从数据库中获取数据，但现在我们引入了缓存机制并进行了更改，以便服务首先从缓存中获取数据，调用服务甚至不需要知道该服务中是否发生了变化。
- 可测试性：每项服务都可以独立地进行测试，因而要测试一个服务时，不再需要等待整个代码准备就绪。

8.4.6 面向服务架构面临的挑战

面向服务架构的挑战如下：

- 部署：虽然从服务的角度考虑问题，但我们仍然不可避免地要在逻辑层面进行架构设计，而没有考虑到独立部署这些服务的问题。最终我们还是要解决难以扩展和维护的单个应用程序的部署问题。
- 可扩展性：可扩展性仍然是 SOA 架构面临的主要挑战。我们要处理的服务体量更大，而且大多数服务分解只是在逻辑层面上而不是在物理层面上。因此扩展单个服务或部分服务变得非常困难。最重要的是，如果我们使用的 ESB 本身就需要很大的部署量，那么在扩展它时就可能带来一场噩梦。

8.5 微服务架构

顾名思义，基于微服务的架构建议将服务划分为细粒度级别。在微服务领域有不同的思想流派，有人认为微服务只是面向服务架构的一个别称，可以将微服务视为面向服务架构的一种扩展，但其中也有许多功能使微服务不同于普通的面向服务架构。

微服务将面向服务的架构提升到更高的层次。SOA 在功能级别考虑服务划分，而微服务则将其深入到任务级别，比如用于发送和接收 email 的邮件服务，可以设置诸如拼写检查、垃圾邮件过滤器等微服务，每个服务都用于处理一项专门任务。

相较 SOA 而言，微服务概念的一个重要区别是每个微服务可以进行独立测试和部署。尽管 SOA 也存在这些功能，但对于基于微服务的架构来说这些是必备的。

8.5.1 微服务架构示例

让我们通过一个简单的例子来了解微服务是如何工作的。假设我们需要在电子商务网站上添加一个上传产品图片的功能，在上传产品图片时，服务需要保存图片并创建缩放版本（假设将所有产品图片设置为 1280×720 的标准分辨率）。另外还需要创建图片的缩略图版本。

图片上传服务包含以下操作：

1）接收产品图片。
2）将图片上传到存储空间。

3）使用相关信息更新数据库。

4）将图片缩放到标准分辨率（1280×720）。

5）将缩放的图片上传到存储空间。

6）生成图片的缩略图版本。

7）将缩略图上传到存储空间。

8）返回操作成功。

上述所有操作对于上传产品图片功能来说都很重要，但对于单一服务实现来说过于复杂。微服务架构可以改善这种情况，我们可以将单个服务划分为图片上传服务、缩放图片服务、缩略图服务等三个微服务。

图片上传服务包含以下操作：

1）接收产品图片。

2）将图片上传到存储空间。

3）使用相关信息更新数据库。

4）返回操作成功。

缩放图片服务包含以下操作：

1）将图片缩放到标准分辨率（1280×720）。

2）将缩放的图片上传到存储空间。

缩略图服务包含以下操作：

1）生成图片的缩略图版本。

2）将缩略图上传到存储空间。

你可以进一步创建用于上传文件至存储空间的独立服务。所以说，服务的细粒度取决于你设计系统的方式。找到合适的细粒度级别非常重要但同时也很棘手，如果没有将大型的服务正确地分解为微服务，就无法体会到微服务的可扩展性、易部署性、可测试性等优势；另一方面，如果设计的微服务细粒度级别太高，你最终会需要维护太多不必要的服务，这意味着需要耗费更多的精力来处理服务间通信和操作性能的问题。

8.5.2 服务间的通信

参照前面的例子会发现一个明显的问题：如何触发缩放图片服务和缩略图服务。其实有很多种方式：基于 REST 进行通信，这是最常见的方式，上传服务可以通过 REST 调用其他两个服务；基于消息队列进行通信，上传服务向队列添加的消息可以被其他服务进行处理；使用基于状态的工作流进行通信，上传服务在数据库中设置状态（比如扩展就绪状态），该状态能够被其他服务读取和处理。

根据应用程序的需求，你可以选择任意通信方式。

8.5.3 微服务架构的作用

微服务架构的作用如下：

- 可扩展性：可扩展性是之前提到的所有架构中面临的主要挑战。微服务帮助我们实现了分布式架构和松耦合，每个服务都可以独立地进行部署，因此这些服务更容易进行扩展。
- 持续性交付：在当今快节奏的业务需求中，持续性交付是不可缺少的一部分。由于我们面对的不再是单一应用程序而是多项服务，因此根据各自的需求进行修改和部署会变得更加简单。简而言之，由于无须部署整个应用程序，微服务架构降低了更改产品的难度。
- 易于部署：微服务可以独立地进行开发和部署，因此不需要反复的部署整个应用，可以只部署那些相关的服务。
- 可测试性：每项服务都可以独立进行测试。如果已经为每个服务定义了合适的请求和响应结构，我们可以将服务作为独立的实体进行测试而无须考虑其他服务。

8.5.4 微服务架构面临的挑战

微服务架构的挑战如下：

- 对运维的依赖：由于不同服务相互之间通过消息进行交互，因此需要保证所有服务都运行正常。
- 维持服务数量的均衡：维持合适数量的微服务本身就是一项挑战。如果我们的服务细粒度级别太高，就会面临诸如部署和维护过于繁杂等问题；另一方面，如果我们的服务太少，就会失去微服务所带来的优势。
- 代码冗余：由于所有的服务都是独立开发和部署的，因此一些通用的代码段常常会被复制到不同的服务中，造成代码冗余。

8.6 无服务器架构

目前为止我们讨论过的所有架构有一个共同的特点：都依赖于基础设施。设计应用程序时需要考虑一些重要因素，例如系统如何扩展或缩小，如何满足系统的性能需求，如何部署服务，需要多少实例和服务，应用程序的容量是多少，等等。

这些问题很重要同时也很难回答。现在早已从专用硬件部署转向了基于云的部署，这大大简化了部署过程，但为了解决上述所有问题，我们仍需规划基础设施需求。一旦获得了硬件，无论是否在云端，我们都需要保持其正常运行，并确保服务能够根据需求进行扩展，这需要大量的开发运维参与。另一个重要问题是基础设施的资源浪费或过度使用，如果有一个简单的网站，虽然没有过多的流量，你仍需要提供一些基础设施资源来处理请求，如果预计一天中只有几个小时会有高流量，那么就要智能地管理基础设施，使其能够进行扩展和缩小。

为了解决上述问题，现在已经发展出了一种全新的思维方式，即无服务器部署。它以服务的方式提供基础设施资源，其主旨是开发团队只需关注代码，云服务提供商负责应用程序的基础设施需求，包括对资源的扩展。

只需为使用的计算资源进行支付；无须事先对任何基础设施容量提出要求；服务提供商负责扩展所需的计算能力，比如每小时管理一个请求或每秒管理 100 万个请求。要实现上述服务，部署方式要有哪些改变呢？

8.6.1 无服务器架构示例

我们举一个非常简单的例子来说明无服务器架构，这里创建一个简单的问候示例，其中将函数作为服务实现，我们在此使用 AWS lambda 函数。

我们用示例问候函数创建这个类：

```java
/**
* Class to implement simple hello world example
*
*/
public class LambdaMethodHandler implements RequestStreamHandler
{
  public void handleRequest(InputStream inputStream, OutputStream
  outputStream, Context context) throws IOException
  {
    BufferedReader reader = new BufferedReader(new InputStreamReader
    (inputStream));
    JSONObject responseJson = new JSONObject();
    String name = "Guest";
    String responseCode = "200";
    try
    {
      // First parse the request
      JSONParser parser = new JSONParser();
      JSONObject event = (JSONObject)parser.parse(reader);
      if (event.get("queryStringParameters") != null)
      {
        JSONObject queryStringParameters = (JSONObject)event.get
        ("queryStringParameters");
        if ( queryStringParameters.get("name") != null)
        {
          name = (String)queryStringParameters.get("name");
        }
      }
      // Prepare the response. If name was provided use that
      else use default.
      String greeting = "Hello "+ name;
      JSONObject responseBody = new JSONObject();
      responseBody.put("message", greeting);
      JSONObject headerJson = new JSONObject();
      responseJson.put("isBase64Encoded", false);
      responseJson.put("statusCode", responseCode);
      responseJson.put("headers", headerJson);
      responseJson.put("body", responseBody.toString());
    }
    catch(ParseException parseException)
    {
      responseJson.put("statusCode", "400");
      responseJson.put("exception", parseException);
    }
    OutputStreamWriter writer = new OutputStreamWriter
    (outputStream, "UTF-8");
    writer.write(responseJson.toJSONString());
    writer.close();
  }
}
```

这个简单的函数从查询字符串中读取输入参数并创建一个问候消息，该消息嵌入到 JSON 的消息标记中并返回给调用者。我们为其创建 JAR 文件，如果你使用的是

Maven，可以简单地使用一个 Shade 包如 mvn clean package shade：shade。

创建好 JAR 文件后，下一步是创建 lambda 函数并上传 JAR，登录你的 AWS 账户，选择"Lambda service（lambda 服务）"→"Create function（创建功能）"→"Author from scratch（从头开始编写）"并提供所需的参数，请看如图 8-8 所示的截图。

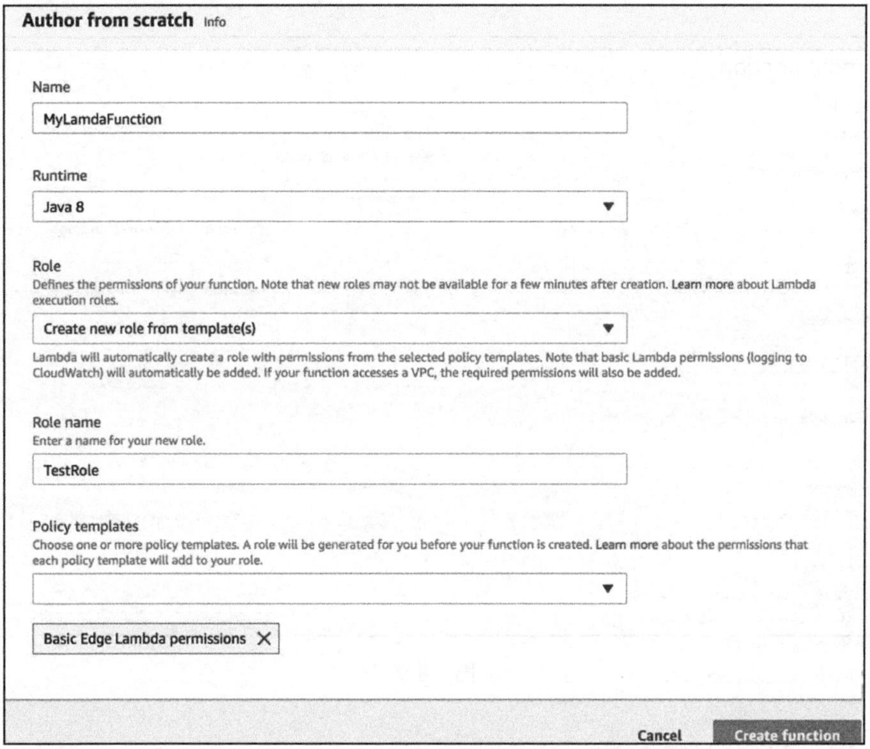

图 8-8

你需要提供名称和运行时环境。根据 lambda 函数实现的功能为它赋予相应的权限，比如读取存储空间、访问队列或数据库等。

接下来上传 JAR 文件并将其保存到 lambda 函数，如屏幕截图 8-9 所示。为处理函数 com.test.LambdaMethodHandler :: handleRequest 提供完全限定的路径。

然后通过设置测试事件来测试功能，请看如图 8-10 所示的截图。

最后单击"测试"按钮来显示响应，代码如下所示：

```
{
    "isBase64Encoded": false,
    "headers": {},
    "body": "{\"message\":\"Hello Guest\"}",
    "statusCode": "200"
}
```

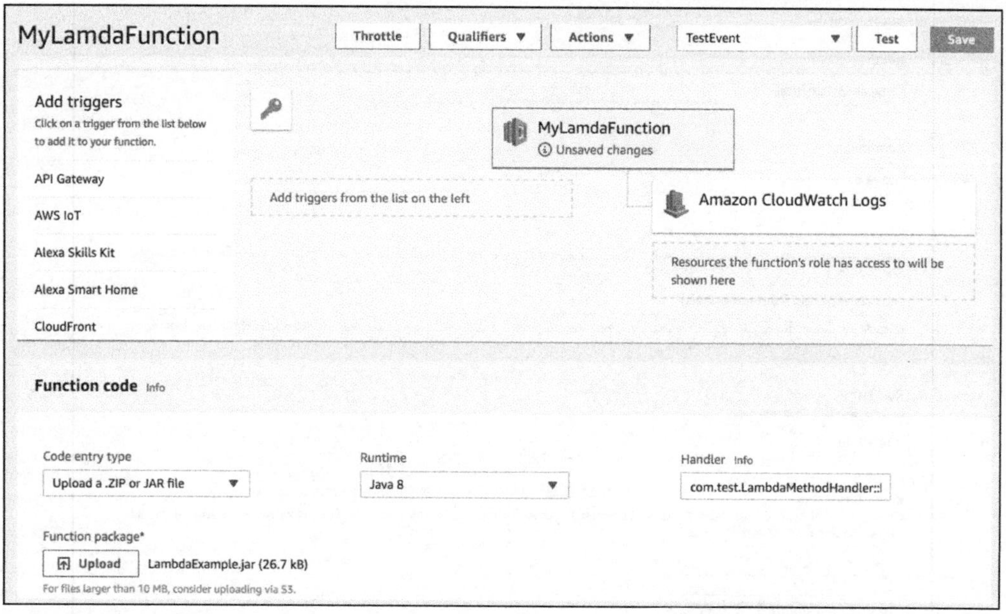

图 8-9

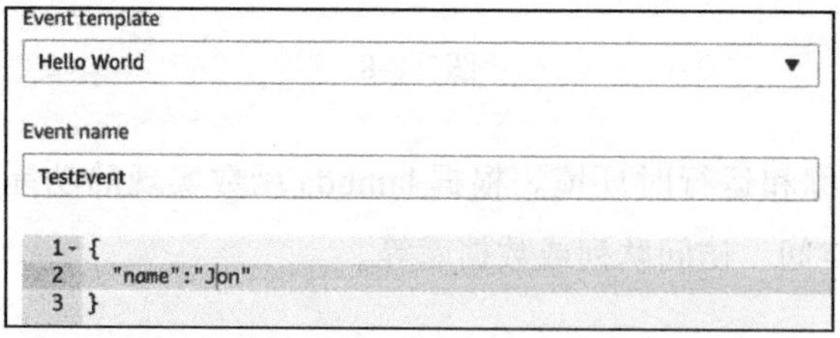

图 8-10

我们已经创建了一个成功的 lambda 函数,还需要创建一个用于调用此函数的 API,亚马逊提供了 API 网关,我们选择"Designer(设计器)"→"Add triggers(添加触发器)"→"API Gateway(API 网关)",如屏幕截图 8-11 所示。

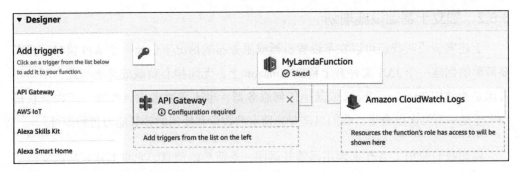

图 8-11

最后添加 API 网关的配置，如屏幕截图 8-12 所示。

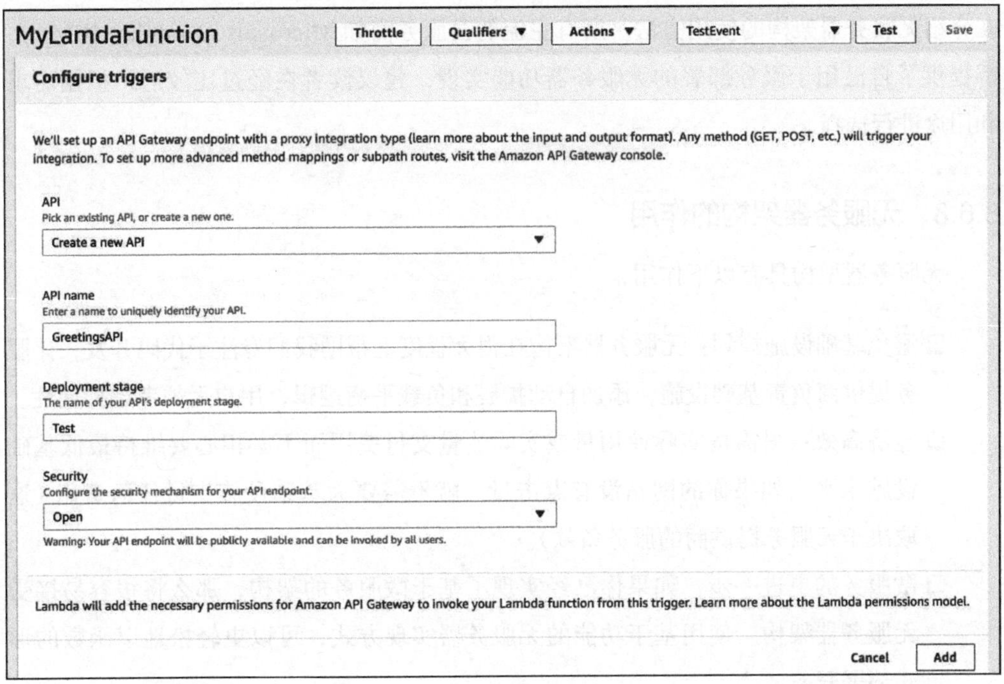

图 8-12

添加配置后将获得一个 API 链接，当单击该链接时会打印输出获得的 JSON：

```
{"message":"Hello Guest"}
```

如果提供了名称查询参数，它将打印 Hello {name}。

8.6.2 独立于基础设施规划

上述案例说明我们可以在不设置机器或服务器的情况下创建一个 API 接口，只需要简单的创建一个 JAR 文件并上传到 Amazon 上，无须担心负载或性能问题，不需要考虑是否使用 Tomcat、Jboss 或其他任何服务器，也不需要考虑 API 在一天内会获得一次还是一百万次点击量，我们只需要为请求的数量和使用的计算能力付费即可。

前面我们使用了 API 来调用函数并返回一条简单的消息，它也能够轻松的支持更复杂的实现方式，例如可以通过消息队列、数据库变更或存储来触发功能，类似地也可以通过第三方服务访问其他云提供的数据库、存储、消息投递、电子邮件等服务。

虽然本书中使用了亚马逊 lambda 的示例，但并非推荐读者选择其供应商，本书旨在介绍无服务器架构的使用方法。所有主流的云服务商如 Microsoft、Google、IBM 等，都提供了自己用于服务部署的无服务器功能实现，建议读者在经过比较后，根据需求和用途进行选择。

8.6.3 无服务器架构的作用

无服务器架构具有以下作用：

- 避免基础设施规划：无服务器架构在很大程度上帮助我们专注于代码开发，让服务提供商负责基础设施，添加自动扩展和负载平衡逻辑，用户无须考虑扩展性。
- 经济高效：只需按实际使用量或实际流量支付费用而不必担心要维持最低基础设施水平，如果你的网站没有点击量，就不需要为基础设施支付任何费用（这取决于云服务提供商的服务条款）。
- 微服务的更进一步：如果你已经实现了基于微服务的架构，那么将很容易接受无服务器架构。使用基于功能的无服务器实现方式，可以更轻松地以函数的形式部署服务。
- 持续性交付：与微服务一样，一个功能更新并不会影响整个应用程序，因此我们也可以通过无服务器架构实现持续性交付。

8.6.4 无服务器架构面临的挑战

无服务器架构面临的挑战如下：

- 供应商的限制：各种供应商在提供服务时可能存在各种各样的限制，例如亚马逊服务器可以执行的最长持续时间只有五分钟，因此如果要创建一个执行处理时间比施加的限制时间更多的函数，lambda 可能不适合。
- 管理分布式架构：维护大量的函数很棘手。你需要跟踪所有已实现的函数，并确保每个函数 API 的升级不会破坏其他调用它的函数。

8.7 总结

本章讨论了分层架构、MVC 架构、面向服务架构、微服务架构、无服务器架构，具体使用哪种架构取决于你所要处理的问题。如果存在一个架构可以解决所有问题，那么这种架构肯定会被所有人使用，在前文中我们也无须讨论这么多类型的架构了。

这些架构并不相互排斥而是相互补充，因此大多数情况下你最终可能会使用这些架构的混合体。例如我们正在开发基于面向服务架构的应用程序，可能会看到这些服务的内部实现是基于分层或 MVC 架构完成的，此外我们最终可能会将某些服务分解为微服务，而在这些微服务中，有些服务以无服务器方式实现。关键在于要根据你当前需要解决的问题选择设计或架构。

下一章我们将重点介绍 Java 版本升级中的一些最新趋势和更新。

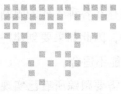

Chapter 9 第 9 章

Java 中的最佳实践

本章将讨论在 Java 9 和 Java 10 中的最佳实践。从 1995 年发布 Java 1.0 到最新的版本 Java 10，Java 走过了很长的路。我们首先快速了解一下 Java 语言的发展历程，然后再重点关注 Java 9 和 Java 10 带来的新变化。本章将介绍以下内容：

- Java 简史
- Java 9 的最佳实践和新特性
- Java 10 的最佳实践和新特性

9.1 Java 简史

Java 1 最初于 1995 年发布，其企业版（Java EE）于 1999 年与 Java 2 一同发布。Java 已经广泛流传了 20 多年，毫无疑问，在构建复杂的企业应用程序时，Java 已经成为开发人员的首选。

让我们来看一下能够使 Java 瞬间流行起来的特性：

- **面向对象**：面向对象语言更接近于现实世界，因而更容易学习理解。对于已经熟悉面向对象语言（如 C++）的开发人员来说，转向 Java 的门槛更低，这加快了 Java 的流行。
- 平台独立性：Java 中有一句俗语叫作"一次编写，到处执行"。由于 Java 代码被编译为由 JVM 解释的字节码，因此它不受编码和执行环境的限制。我们可以在 Linux 机器上进行开发，转而在 Windows 或 macOS 机器上运行。
- 安全性：Java 代码通过转换为字节码在 Java 虚拟机（JVM）中运行，它无法访问 JVM 外部的任何内存，这种机制是安全的。此外，Java 并不支持指针，内存管理完全由 JVM 进行处理，同样保证了其安全性。

J2EE 框架下 servlet 等概念的推广使得 Java 语言变得更加流行。随着互联网的普及，Java 因其易用性和安全性成为了 Web 应用程序开发的一种重要语言。Java 中的多线程有助于实现更好的性能和资源管理。

Java 1.2 通常被称为 Java 2，它以企业版的形式为 Java 语言带来了重大变化。Java 2 非常流行以至于接下来的 Java 1.3 和 Java 1.4 两个版本被称为 Java 2 的延伸版本。直到 Java 5 的出现带来了一些重要的特性，才被赋予了独立的版本号。

9.1.1　Java 5 的特性

Java 5 带来了泛型的概念。在泛型出现之前，许多数据结构（如 List 和 Map）都不具有类型安全性，比如将人员类和车辆类添加到同一个 List 中尝试执行操作时，往往抛出异常。

Java 5 引入的另一个重要特性是自动装箱，它帮助实现了基本类型类与其对应的包装器类之间的转换。枚举类型在 Java 5 中也焕然一新，不仅可以代表常量，还可以代表数据和行为。

Java 5 为函数提供了可变参数机制。针对传入的同一类型参数，不再强制要求给出确切数量。例如可以编写函数 stringMethod(String… str) 并向其传入任意数量的字符串。Java 5 还引入了注解概念，其在后续版本中得到丰富，已经成为许多框架的重要组成部分。

Java 5 还发布了许多其他增强的功能，使其成为 Java 历史上的一个重要版本。

后续的 Java 6 和 Java 7 虽然也很重要，但 Java 8 带来的才是真正巨大的变化。

9.1.2 Java 8 的特性

Java 8 是 Java 历史上另一个里程碑式的版本。该版本增加了许多特性，例如首次允许接口添加静态方法和默认方法，在官方库中引入了 Optional 接口和 forEach 方法，增加了两个核心概念：流和 lambda 表达式。

可以将流认为是数据的管道，在流中可以执行两种类型的操作：中间操作和结束操作。中间操作是在流上应用以转换数据的操作，其得到的结果仍是流（比如 Map 和过滤器）。举例来说，在整数数据流中，使用诸如过滤所有偶数或为每个数字加 N 操作的应用函数，最终会得到一个结果流。而终端操作则会产生具体输出，例如整数数据流上的 sum 函数将返回最终数字作为输出。

Java 首次使用 lambda 表达式实现了函数式编程。lambda 实现了那些具有单个未实现方法的函数接口。与在旧版本中必须创建类或匿名类不同，现在可以通过 lambda 函数来实现函数的接口。下面用一个经典的例子来实现多线程，请看如下代码：

```
Runnable myrunnable = new Runnable()
{
  @Override
  public void run()
  {
    // implement code here
  }
};
new Thread(myrunnable).start();
But with Lambdas, we can do this:
Runnable myrunnableLambda = ()->
{
  // implement code here
};
new Thread(myrunnableLambda).start();
```

在第 5 章中已经介绍过有关流和 lambda 表达式的相关细节内容。

9.1.3 目前官方支持的 Java 版本

编写本书之时，Java 8 和 Java 10 是 Oracle 官方支持的两个版本，其中 Java 8 是长期支持版本，Java 10 是快速发布版本。Java 9 是 2017 年 9 月发布的另一个快速发布版本，并从 2018 年 1 月开始停止更新。Java 8 于 2014 年 3 月发布，预计商业支持会持续到 2019 年 1 月，非商业支持会持续到 2020 年 12 月。Java 10 于 2018 年 3 月发布，预计会在 2018 年 9 月结束。与此同时，当 Java 10 停止支持时，预计将会发布 Java 11，这将是另一个类似于 Java 8 的长期支持版本。

由此可见，Java 9 和 Java 10 是比较新的版本，理解它们带来的新特性以及其最佳实践方式具有重大意义。

9.2 Java 9 的最佳实践和新特性

Java 9 带来的最大最重要的变化就是实现了拼图工程，即 Java 平台模块化系统。在此之前，若要运行 Java 应用程序，开发人员需要将 Java 运行时环境（JRE）整体加载到服务器或计算机上。有了 Java 平台模块化系统后，就可以自由决定为应用程序加载哪些库。除了模块化系统之外，Java 9 还为 Java 库引入了 JShell 交互式工具，这对于那些曾使用过 Ruby on Rails 或 Python 等语言的人来说是好消息。后续我们将详细讨论模块和 JShell 的使用以及 Java 9 中其他会影响 Java 使用方式的重大变化。

9.2.1 Java 平台模块化系统

如果说 Java 8 改变了我们的编码方式，那么 Java 9 改变更多的则是应用程序运行时加载文件和模块的方式。

首先，我们看一下 Java 9 如何将整个应用程序划分为不同的模块。运行以下代码：

```
java --list-modules
```

我们会看到类似如屏幕截图 9-1 所示中的模块列表：

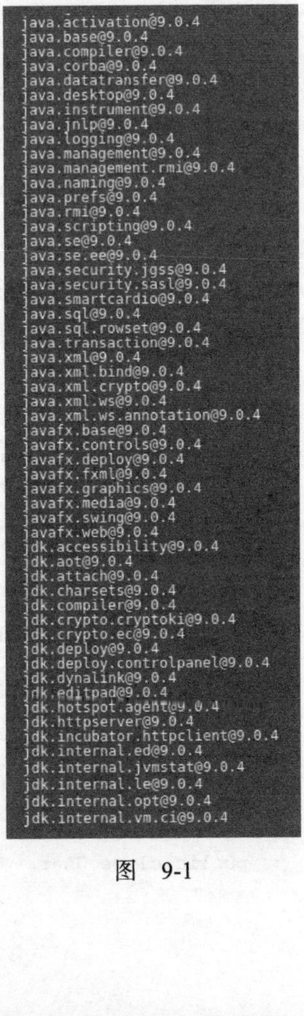

好处是可以自由选择应用程序使用的模块，而不再是默认添加所有模块。

为了理解模块的强大功能，我们来看一个例子，创建一个简单的计算器应用程序，只提供加法和减法运算方法。

图 9-1

在 provider/com.example/com/example/calc 目录下创建类：

```java
package com.example.calc;
/**
 * This class implements calculating functions on integers.
 */
public class Calculator
{
  /**
   * This method adds two numbers.
   */
  public int add(int num1, int num2)
  {
    return num1+num2;
  }
  /**
   * This method returns difference between two numbers.
   */
  public int diff(int num1, int num2)
  {
    return num1-num2;
  }
}
```

然后在 provider/com.example 中创建一个模块 info.java：

```java
module com.example
{
  requires java.base;
  exports com.example.calc;
}
```

我们并不需要明确地提供 requires java.base，默认情况下所有模块都会使用 java.base，java.base 会被默认加载，但是在这里还是要明确一下。

然后进行编译：

```
javac -d output/classes provider/com.example/module-info.java
provider/com.example/com/example/calc/Calculator.java
```

最后生成 JAR 文件：

```
jar cvf output/lib/example.jar -C output/classes/
```

由此我们得到了一个可以提供加法和减法功能的模块。在 user/com.example.user/com/example/user 下创建一个用户类调用此模块：

```java
package com.example.user;
import com.example.calc.*;
/**
 * This classes uses calculator module
 */
public class User
```

```
{
  public static void main(String s[])
  {
    Calculator calculator = new Calculator();
    System.out.println(calculator.add(1,2));
  }
}
```

再次在 user/com.example.user 中创建模块 info.java：

```
module com.example.user
{
  requires com.example;
}
```

然后在 output/userclasses 下编译方法：

```
javac --module-path output/lib -d output/userclasses
user/com.example.user/module-info.java
user/com.example.user/com/example/user/User.java
```

生成 user.jar，如下所示：

```
jar cvf output/lib/user.jar -C output/userclasses/
```

最后运行类：

```
java --module-path output/lib -m com.example.user/com.example.user.User
```

上述代码解释了 Java 9 中模块如何工作。在继续讨论下一个主题之前，我们先看一下 jlink，它增强了 Java 的模块化能力：

```
jlink --module-path output/lib --add-modules com.example,com.example.user --output calculaterjre
```

由于 com.example 依赖于 java.base 模块，因此需要将 java.base.mod 添加到 /output/lib 中。一旦创建了自定义的 JRE，就可以按以下方式运行它：

```
./calculaterjre/bin/java -m com.example.user/com.example.user.User
```

我们创建了自己的 JRE，为了了解可执行程序的紧凑和轻量程度，再次运行 --list-modules：

```
calculaterjre/bin/java --list-modules w
```

返回如下内容：

```
com.example
com.example.user
java.base@9.0.4
```

将它与 Java 9 默认初始化时列出的模块进行比较，我们可以看出新的可部署单元的轻量程度。

9.2.2 JShell

前面已经给出了一些 JShell 用法的例子，这里将进一步对 JShell 作更详细地描述。如果你曾使用过 Python 或 Ruby on Rails 等语言，那肯定知道 shell 或交互式解释器（REPL），其主要作用是在实际部署应用前，进行调试或用于验证某种设想，在 Java 中也添加了类似的功能。

在 Java 中使用 JShell 非常简便。通过 JShell，你可以编写代码片段，查看它们的工作原理，或者无须实际编写完整的代码就可以查看不同的类和方法。我们作进一步观察以得到更深入的理解。

首先启动 shell 界面。注意需要安装 Java 9 并且将 jdk-9/bin/ 添加到系统路径中。

输入 jshell 会进入带有欢迎消息的 jshell 提示符界面：

```
$ jshell
| Welcome to JShell -- Version 9.0.4
| For an introduction type: /help intro
jshell>
```

我们尝试从一些简单的命令开始：

```
jshell> System.out.println("Hello World")
Hello World
```

一个简单的 Hello World 程序，无须编写、编译或运行类：

```
jshell> 1+2
$1 ==> 3
jshell> $1
$1 ==> 3
```

在 shell 中输入 1 + 2 得到结果变量 $1，可以在以后的命令中使用此变量：

```
jshell> int num1=10
num1 ==> 1
jshell> int num2=20
num2 ==> 2
jshell> int num3=num1+num2
num3 ==> 30
```

在前面的命令中，我们创建了几个之后将会用到的变量。

若要看看一段代码在真实应用程序中是如何工作的，可以通过 shell 实现。假设我们要编写一个方法并运行它，评估它是否能返回预期结果，判断它是否会在某些情况下失败，可以在 shell 中完成这些操作，如下所示：

```
jshell> public int sum(int a, int b){
...> return a+b;
...> }
| created method sum(int,int)
jshell> sum(3,4)
$2 ==> 7
jshell> sum("str1",6)
| Error:
| incompatible types: java.lang.String cannot be converted to int
| sum("str1",6)
| ^----^
```

这里创建了一个方法，看看它针对不同的输入会作何反应。

你还可以将 JShell 作为教程来学习可用于对象的所有函数。

举例来说，假设有一个 String 类型的对象 str，想知道关于它的所有可用方法，只需要输入 str 并按下 Tab 键：

```
jshell> String str = "hello"
str ==> "hello"
jshell> str.
```

输出如图 9-2 所示。

```
jshell> String str = "hello"
str ==> "hello"
jshell> str.
charAt(              chars()              codePointAt(         codePointBefore(     codePointCount(      codePoints()
compareTo(           compareToIgnoreCase( concat(              contains(            contentEquals(       endsWith(
equals(              equalsIgnoreCase(    getBytes(            getChars(            getClass(            hashCode(
indexOf(             intern(              isEmpty(             lastIndexOf(         length(              matches(
notify()             notifyAll()          offsetByCodePoints(  regionMatches(       replace(             replaceAll(
replaceFirst(        split(               startsWith(          subSequence(         substring(           toCharArray(
toLowerCase(         toString(            toUpperCase(         trim()               wait(
```

图 9-2

JShell 还提供了其他帮助命令，最常用的命令是 /help，它可以列出所有可用的命令，另一个常用的命令 /import 用于检查已导入的所有包：

```
jshell> /import
|
  import java.io.*
|
  import java.math.*
|
  import java.net.*
|
  import java.nio.file.*
```

```
| import java.util.*
|
| import java.util.concurrent.*
|
| import java.util.function.*
|
| import java.util.prefs.*
|
| import java.util.regex.*
|
| import java.util.stream.*
```

也可以将其他的包和类导入 shell 来使用。

最后，输入 /exit 可以关掉 shell：

```
jshell> /exit
| Goodbye
```

9.2.3 接口中的私有方法

Java 8 允许向接口中添加默认方法和静态方法，我们需要在接口中实现那些尚未实现的方法。由于可以添加默认实现，我们可以将代码分解为模块，或者将可重用代码提取到公用方法中以供其他函数调用，但是又不想公开这些公用方法的细节，为了解决这个问题，Java 9 允许在接口中使用私有方法。

以下代码显示了 Java 9 中一个完全有效的接口实现，由默认方法来调用辅助私有方法：

```java
package com.example;
/**
 * An Interface to showcase that private methods are allowed
 *
 */
public interface InterfaceExample
{
    /**
     * Private method which sums up 2 numbers
     * @param a
     * @param b
     * @return
     */
    private int sum(int a, int b)
    {
        return a+b;
    }
    /**
     * Default public implementation uses private method
```

```
 * @param num1
 * @param num2
 * @return
 */
default public int getSum(int num1, int num2)
{
    return sum(num1, num2);
}
/**
 * Unimplemented method to be implemented by class which
implements this interface
 */
public void unimplementedMethod();
}
```

9.2.4 流的增强功能

Java 8 为我们带来了流精彩的功能，使列表和数据集上的操作变得简单且高效。Java 9 进一步加强了流的功能使它们更加有用。我们将在这里介绍一下流重要的增强功能：

❑ Takewhile 方法：Java 8 提供了根据给出的条件检查每个元素的过滤器功能。举例来说，假设要在流中找到所有小于 20 的数字，可能会出现一下情况：在其顺序执行过程中，只能得到过滤条件触发之前输入的数字，后面的输入全部都会被舍弃。也就是说当第一次过滤条件被触发时，会忽略剩余的输入然后执行返回或退出命令。

以下代码就展示了上述情况，过滤条件被触发之前的所有数字都被输出了，而一旦条件不再满足，之后的所有数据都会被忽略掉：

```
jshell> List<Integer> numList = Arrays.asList(10, 13, 14, 19, 22,
19, 12, 13)
numList ==> [10, 13, 14, 19, 22, 19, 12, 13]
jshell> numList.stream().takeWhile(num -> num <
20).forEach(System.out::println)
```

输出如下所述：

10
13
14
19

❑ Dropwhile 方法：它与 takewhile 方法正相反。Dropwhile 方法会丢弃过滤条件触发之前的所有输入，一旦过滤条件触发，就输出之后的所有数据。

我们采取相同的例子以便更清楚地理解：

```
jshell> List<Integer> numList = Arrays.asList(10, 13, 14, 19, 22,
19, 12, 13)
numList ==> [10, 13, 14, 19, 22, 19, 12, 13]
jshell> numList.stream().dropWhile(num -> num <
20).forEach(System.out::println)
```

输出如下所示：

```
22
19
12
13
```

Iterate 方法：Java 8 已经能够支持 Stream.iterate 方法，Java 9 进一步通过添加断言条件使其在功能上与具有终止条件的循环更加接近。

以下代码显示了一个循环条件的替换，该循环条件的变量初始值为 0，增量为 2，并一直打印到数值小于 10 为止：

```
jshell> IntStream.iterate(0, num -> num<10, num ->
num+2).forEach(System.out::println)
```

输出如下所示：

```
0
2
4
6
8
```

9.2.5　创建不可变集合

Java 9 提供了创建不可变集合的工厂方法。例如使用 List.of 方法创建不可变列表：

```
jshell> List immutableList = List.of("This", "is", "a", "List")
immutableList ==> [This, is, a, List]
jshell> immutableList.add("something")
| Warning:
| unchecked call to add(E) as a member of the raw type java.util.List
| immutableList.add("something")
| ^-------------------------^
| java.lang.UnsupportedOperationException thrown:
| at ImmutableCollections.uoe (ImmutableCollections.java:71)
| at ImmutableCollections$AbstractImmutableList.add
(ImmutableCollections.java:77)
| at (#6:1)
```

同样的还有 Set.of、Map.of 和 Map.ofEntries 等方法，用法如下：

```
jshell> Set immutableSet = Set.of(1,2,3,4,5);
immutableSet ==> [1, 5, 4, 3, 2]
```

```
jshell> Map immutableMap = Map.of(1,"Val1",2,"Val2",3,"Val3")
immutableMap ==> {3=Val3, 2=Val2, 1=Val1}
jshell> Map immutableMap = Map.ofEntries(new
AbstractMap.SimpleEntry<>(1,"Val1"), new
AbstractMap.SimpleEntry<>(2,"Val2"))
immutableMap ==> {2=Val2, 1=Val1}
```

9.2.6 在数组中添加方法

之前已经讨论过了流和集合，这里介绍一些数组新增的功能：

- Mismatch 方法：此方法用于进行两个数组的比较并返回第一个不匹配元素的索引号。如果两个数组相同则返回 –1：

```
jshell> int[] arr1={1,2,3,4}
arr1 ==> int[4] { 1, 2, 3, 4 }
jshell> Arrays.mismatch(arr1, new int[]{1,2})
$14 ==> 2
jshell> Arrays.mismatch(arr1, new int[]{1,2,3,4})
$15 ==> -1
```

上面例子创建了一个整数数组，首次比较显示数组在索引为 2 的位置不匹配，第二次比较显示两个数组相同。

- Compare 方法：此方法用于按字典顺序比较两个数组，可以指定数组比较的开始和结束的索引位置：

```
jshell> int[] arr1={1,2,3,4}
arr1 ==> int[4] { 1, 2, 3, 4 }
jshell> int[] arr2={1,2,5,6}
arr2 ==> int[4] { 1, 2, 5, 6 }
jshell> Arrays.compare(arr1,arr2)
$18 ==> -1
jshell> Arrays.compare(arr2,arr1)
$19 ==> 1
jshell> Arrays.compare(arr2,0,1,arr1,0,1)
$20 ==> 0
```

上述代码中我们创建了两个数组并进行比较。当两个数组相等时输出为 0，如果第一个数组按字典顺序排列较大输出为 1，否则输出 –1。在上面的比较中，我们为方法提供了比较的起始和结束的索引位置，因而只需比较前两个元素，它们相等所以输出为 0。

- Equals 方法：顾名思义，equals 方法用于检查两个数组是否相等，同样可以设置开始和结束的索引：

```
jshell> int[] arr1={1,2,3,4}
arr1 ==> int[4] { 1, 2, 3, 4 }
jshell> int[] arr2={1,2,5,6}
arr2 ==> int[4] { 1, 2, 5, 6 }
jshell> Arrays.equals(arr1, arr2)
$23 ==> false
jshell> Arrays.equals(arr1,0,1, arr2,0,1)
$24 ==> true
```

9.2.7 Optional 类的增强功能

Java 8 提供了 java.util.Optional 类来处理空值和空指针异常。Java 9 另增加了一些方法。

- ifPresentOrElse 方法：如果 Optional 包含值，会调用 void ifPresentOrElse(Consumer <?super T> action, Runnable emptyAction) 方法中的 action，否则将调用 emptyAction。

看几个例子：

```
//Example 1
jshell> Optional<String> opt1= Optional.ofNullable("Val")
opt1 ==> Optional[Val]
//Example 2
jshell> Optional<String> opt2= Optional.ofNullable(null)
opt2 ==> Optional.empty
//Example 3
jshell> opt1.ifPresentOrElse(v->System.out.println("found:"+v),
()->System.out.println("no"))
found:Val
//Example 4
jshell> opt2.ifPresentOrElse(v->System.out.println("found:"+v),
()->System.out.println("not found"))
not found
```

- or 方法：Optional 对象既可以取值又可以为空，如果值存在，or 函数将返回当前 Optional 对象，否则返回其他 Optional 对象。

看几个例子：

```
//Example 1
jshell> Optional<String> opt1 = Optional.ofNullable("Val")
opt1 ==> Optional[Val]
//Example 2
jshell> Optional<String> opt2 = Optional.ofNullable(null)
opt2 ==> Optional.empty
//Example 3
jshell> Optional<String> opt3 = Optional.ofNullable("AnotherVal")
opt3 ==> Optional[AnotherVal]
//Example 4
jshell> opt1.or(()->opt3)
$41 ==> Optional[Val]
```

```
//Example 5
jshell> opt2.or(()->opt3)
$42 ==> Optional[AnotherVal]
```

opt1 不为空故返回 opt1，opt2 为空故返回 opt3。

- stream 方法：Java 8 之后 stream 应用越发广泛，因此 Java 9 提供了一种将 Optional 对象转换为 stream 的方法。看几个例子：

```
//Example 1
jshell> Optional<List> optList =
Optional.of(Arrays.asList(1,2,3,4))
optList ==> Optional[[1, 2, 3, 4]]
//Example 2
jshell> optList.stream().forEach(i->System.out.println(i))
[1, 2, 3, 4]
```

9.2.8 新的 HTTP 客户端

Java 9 带来了一种支持 HTTP/2 协议的新 HTTP 客户端 API。我们在 JShell 中运行一个示例来仔细研究一下。

要使用 httpclient，首先要用 jdk.incubator.httpclient 模块启动 JShell。以下命令用于添加所需的模块：

```
jshell -v --add-modules jdk.incubator.httpclient
```

然后导入 API：

```
jshell> import jdk.incubator.http.*;
```

使用以下代码创建 HttpClient 对象：

```
jshell> HttpClient httpClient = HttpClient.newHttpClient();
httpClient ==> jdk.incubator.http.HttpClientImpl@6385cb26
|  created variable httpClient : HttpClient
```

为 URL https://www.packtpub.com/ 创建一个请求对象：

```
jshell> HttpRequest httpRequest = HttpRequest.newBuilder().uri(new
URI("https://www.packtpub.com/")).GET().build();
httpRequest ==> https://www.packtpub.com/ GET
|  created variable httpRequest : HttpRequest
```

最后调用 URL，结果存储在 HttpResponse 对象中：

```
jshell> HttpResponse<String> httpResponse = httpClient.send(httpRequest,
HttpResponse.BodyHandler.asString());
httpResponse ==> jdk.incubator.http.HttpResponseImpl@70325e14
|  created variable httpResponse : HttpResponse<String>
```

检查响应状态代码或者打印正文：

```
jshell> System.out.println(httpResponse.statusCode());
200
jshell> System.out.println(httpResponse.body());
```

可以看到，我们不再需要为 HTTP 客户端加载重量级的第三方库就可以方便地使用它。

9.2.9 Java 9 增加的其他功能

前面我们已经讨论过了 Java 9 的核心新增功能，这些改变将影响我们日常的编码方式。下面讲述一些影响不大的功能，读者最好也要有所了解：

Javadocs 的改进：Java 9 带来了 Javadocs 的改进，例如对 HTML 5 的支持、搜索能力的增强以及向现有 Javadocs 功能添加模块信息。

- 多版本兼容 JAR：需要在不同的 Java 版本上运行类的不同版本。例如，Java 有两个不同的版本，一个支持 Java 8，另一个支持 Java 9，那么在创建 JAR 文件时要将两种类文件都包含在内，使用时则根据 Java 8 或 Java 9 在 JAR 中选择对应的文件版本。
- 进程 API 的改进：Java 5 提供了 Process Builder API 帮助创建和管理新进程。Java 9 引入了 java.lang.ProcessHandle 和 java.lang.ProcessHandle.Info API，以便更好地控制和收集有关进程的更多信息。
- try 块管理资源的改进：Java 7 提供了使用 try 块来管理资源的功能，可以帮助去除大量的样板代码。Java 9 进一步改进，无须在 try 块中引入新变量即可使用 try 资源。

让我们通过一个小例子来理解上述内容，以下是 Java 9 之前编写的代码：

```
jshell> void beforeJava9() throws IOException{
...> BufferedReader reader1 = new BufferedReader(new
FileReader("/Users/kamalmeetsingh/test.txt"));
...> try (BufferedReader reader2 = reader1) {
...> System.out.println(reader2.readLine());
...> }
...> }
| created method beforeJava9()
```

Java 9 之后的代码如下：

```
jshell> void afterJava9() throws IOException{
...> BufferedReader reader1 = new BufferedReader(new
FileReader("/Users/kamalmeetsingh/test.txt"));
...> try (reader1) {
...> System.out.println(reader1.readLine());
...> }
...> }
| created method afterJava9()
```

- 匿名类中的钻石操作符：一直到 Java 8 都无法在内部类中使用钻石操作符（<>），而在 Java 9 中删除了此项限制。

上述内容介绍了 Java 9 中能够影响 Java 编码方式的大部分重要特性，理解上述实践方式有助于读者最大限度地使用 Java 的功能。Java 10 同样带来了一些其他的特性，下面将介绍 Java 10 中影响编码的重要特性。

9.3 Java 10 的最佳实践和新特性

与之前的版本一样，Java 10 也增加了许多有趣的特性。有一些特性我们在编码时能够直接接触到，但还有一些体现在后台的改进方式，例如改进的垃圾回收机制使得用户的整体体验得到改善。本节将讨论 Java 10 添加的一些重要特性。

9.3.1 局部变量类型推断

局部变量类型推断是 Java 10 相较以往 Java 版本最大的变化，它会影响你惯用的编码方式。Java 是一种严格类型的语言，但 Java 10 提供了一种功能，使得可以在声明局部变量时使用 var 而不用指定明确的类型。

下面看个例子：

```
public static void main(String s[])
{
  var num = 10;
  var str = "This is a String";
  var dbl = 10.01;
  var lst = new ArrayList<Integer>();
  System.out.println("num:"+num);
  System.out.println("str:"+str);
  System.out.println("dbl:"+dbl);
  System.out.println("lst:"+lst);
}
```

此功能让我们在不指定类型的情况下定义和使用变量，但是这并非不受限制。

不能将类作用域变量声明为 var。例如，以下代码会显示编译器错误：

```
public class VarExample {
// not allowed
// var classnum=10;
}
```

即使是在局部范围内，也只有在编译器能够从表达式的右侧推断出变量类型的情况下，才能使用 var。例如如下情况：

```
int[] arr = {1,2,3};
```

如下情况并不是良好的使用方式：

```
var arr = {1,2,3};
```

然而如下方式可以使用：

```
var arr = new int[]{1,2,3};
```

还有其他不能使用 var 的情况，例如不能用 var 定义方法返回类型或方法参数。

如下使用方式是不允许的：

```
public var sum(int num1, int num2)
{
   return num1+num2;
}
```

如下使用方式同样是不允许的：

```
public int sum(var num1, var num2)
{
   return num1+num2;
}
```

要谨慎使用 var 声明变量，也要注意声明变量的方式以保持代码的可读性。例如我们可能会在代码中遇到以下写法：

```
var sample = sample();
```

上述案例能够获得变量 sample 的相关信息吗？它是字符串还是整数？有些人说可以在命名变量时给出正确的命名约定来解决这个问题，比如用 strSample 或 intSample，但是如果变量类型比较复杂呢？例如下列情况：

```
public static HashMap<Integer, HashMap<String, String>> sample()
{
  return new HashMap<Integer, HashMap<String, String>>();
}
```

在这种情况下，我们希望使用一种标明类型的声明来避免代码的可读性问题。

声明集合时需要注意的另一个点是 ArrayLists。下面的代码目前在 Java 中能合法使用：

```
var list = new ArrayList<>();
list.add(1);
list.add("str");
```

你可以清楚地看出问题所在，编译器能够根据代码推断出前面的列表中所包含的对象应该是整数列表，后续代码可能会出现严重的运行时错误，因此在这种情况下最好始终明确类型。

简而言之，var 显著增强了 Java 的功能，让我们更快地编写代码，但是在使用 var 时也必须要小心，避免出现代码可读性和维护性问题。

9.3.2 集合的 copyOf 方法

copyOf 方法用于为集合创建不可修改的副本。假设要为列表创建一个不可修改或不可变的副本，可以使用 copyOf 函数。如果你曾经使用过集合，可能困惑于 copyOf 方法与 Collections.unmodifiableCollection 方法的区别，它们实现了同样的功能，都能够创建不可修改的集合副本。当对列表使用 copyOf 函数时，将返回一个无法被进一步修改的列表，无论对原列表做何改变都不会影响新生成的列表副本；而使用 Collections.unmodifiable-Collection 方法也能返回不可修改的列表，但当原列表发生修改时，新列表副本也会相应发生改变。

看看如下代码以获得更深入的理解：

```
public static void main(String args[]) {
List<Integer> list = new ArrayList<Integer>();
list.add(1);
list.add(2);
list.add(3);
System.out.println(list);
var list2 = List.copyOf(list);
System.out.println(list2);
var list3 = Collections.unmodifiableCollection(list);
System.out.println(list3);
// this will give an error
// list2.add(4);
// but this is fine
list.add(4);
System.out.println(list);
// Print original list i.e. 1, 2, 3, 4
System.out.println(list2);
```

```
// Does not show added 4 and prints 1, 2, 3
System.out.println(list3);
// Does show added 4 and prints 1, 2, 3, 4
}
```

同样，我们可以将 copyOf 函数应用于集合、Hashmap 等类型，用以创建其不可修改的副本。

9.3.3 并行垃圾回收机制

在 C 和 C++ 等语言中，开发人员负责分配和释放内存。如果开发人员在编码时犯错，例如忘记释放已分配的内存，就会导致内存不足的问题。Java 提供了垃圾回收机制来解决这个问题，将分配和释放内存的职责从开发人员转交给了 Java 后台。

Java 使用两种机制维护内存：栈和堆。在使用过程中你肯定见过这两种异常：StackOverFlowError 和 OutOfMemoryError，它们都表明内存区域已满。栈中的内存仅对当前线程可见，因此清理方式很直接：当线程离开当前方法时就释放栈上的内存；堆中的内存却很难管理，它可以在整个应用程序中使用，因此需要建立专门的垃圾回收机制。

多年以来，Java 不断改进垃圾回收（GC）算法，使其变得越来越高效。其核心思想是：如果分配给对象的内存空间不再被引用，就可以释放该空间。大多数垃圾回收算法将分配给不同阶段的内存进行区分。从使用过程来看，在早期或初始垃圾回收周期内 Java 能够标记大多数符合回收条件的对象。例如，只有方法被调用时，方法内定义的对象才能被激活，一旦方法返回或退出，则其局部作用域变量就能够被垃圾回收算法回收。

G1 垃圾回收器最初在 Java 7 中被引入，在 Java 9 中修改为默认机制。垃圾回收主要分两个阶段完成：第一阶段，垃圾回收器标记可以移除或清理的元素，使它们不能再被引用；第二阶段，实施清理内存操作。这些操作独立运行于被分配到的内存单元上。除了进行深度垃圾回收操作以外，G1 回收器能够在不停止应用程序的情况下在后台执行大多数清理活动。当无法充分清理内存时，则需要进行深度垃圾回收操作。

Java 10 中深度垃圾回收操作可以通过并行线程完成，早期这只能在单线程模式下完成，这项改进能够极大提升深度垃圾回收的性能。

9.3.4　Java 10 增加的其他功能

前面已经介绍了 Java 10 大部分新增功能，下面还有一些内容值得探讨：

- 基于时间的发布版本控制：这不是一个新功能，更多的是建议 Java 如何对未来版本进行版本控制。如果长期使用 Java，最好了解 Java 版本的发布方式。

版本号采用以下格式：

$FEATURE.$INTERIM.$UPDATE.$PATCH

Java 决定每六个月发布一个新的功能版本，因此产生了两种思想流派：一种支持这种发布方式，因为用户能够及时得到最新的更新；另一种则表示这种方式会使开发人员没有足够时间去熟悉新版本。

如果你查看到版本号为 10.0.2.1，就会明白其中含义——第 10 个功能版本，无临时版本，第 2 个更新和第 1 个补丁。

- Graal 编译器：编译器是一个计算机程序，它将代码作为输入并将其转换为机器语言。Java 的 JIT 编译器将代码转换为字节码，然后由 JVM 转换为机器语言。在 Java 10 中，你还可以在 Linux 机器上使用 Graal 编译器，但这个编译器仍处于试验阶段，不建议将其用于实际产品。
- 应用程序类数据共享：这是 Java 的另一个内部更新，其目的是减少 Java 应用程序的启动时间。JVM 在应用程序启动时加载类，如果不更新文件，之前的 JVM 会重新加载所有类。Java 10 中 JVM 只创建一遍数据并将其添加到存档中，如果下次运行时没有类更新，就无须重新加载数据。此外，如果同时运行多个 JVM，这些数据可以跨 JVM 进行共享。此项更新同样是后台运行的，能够提高应用程序的整体性能。

9.4　总结

本章我们讨论了有关 Java 的一些重要特性和最佳实践，从最初版本开始，讨论到重要里程碑式版本，着重讲述了其中一些重要发行版本如 Java 5 和 Java 8，它们通过引入泛型、自动装载、lambda 表达式、流等功能彻底改变了我们在 Java 中的编码方式。

之后我们深入了解了 Java 9 和 Java 10。Java 9 提出了模块化功能,可以在模块库中自由选择应用程序所需的代码。Java 9 还将 JShell 添加到其官方库功能中,这使我们能够在不实际编写和编译类的情况下进行代码尝试。Java 9 增加了在接口中定义私有方法的功能,此外还添加了一些有关流、集合、数组使用的新功能。

Java 10 提供了使用 var 关键字声明不明确类型对象的功能,从而提高了代码灵活性。我们还讨论了 var 的使用限制以及要谨慎使用 var 声明变量以避免影响代码的可读性和可维护性。最后讨论了使用 copyOf 方法来创建不可变副本和垃圾回收机制的改进。

Java 语言已经走过了漫长的道路,它还在持续不断的迭代更新,未来还将会有更多的新奇功能,关注它的成长是一件非常有趣的事。

推荐阅读

编程原则：来自代码大师Max Kanat-Alexander的建议

[美] 马克斯·卡纳特-亚历山大 著　译者：李光毅　书号：978-7-111-68491-6　定价：79.00元

Google 代码健康技术主管、编程大师 Max Kanat-Alexander 又一力作，聚焦于适用于所有程序开发人员的原则，从新的角度来看待软件开发过程，帮助你在工作中避免复杂，拥抱简约。

本书涵盖了编程的许多领域，从如何编写简单的代码到对编程的深刻见解，再到在软件开发中如何止损！你将发现与软件复杂性有关的问题、其根源，以及如何使用简单性来开发优秀的软件。你会检查以前从未做过的调试，并知道如何在团队工作中获得快乐。

推荐阅读

Effective Java中文版（原书第3版）

作者：[美]约书亚·布洛克（Joshua Bloch） ISBN：978-7-111-61272-8 定价：119.00元

Java之父James Gosling鼎力推荐、Jolt获奖作品全新升级，针对Java 7、8、9全面更新，Java程序员必备参考书

包含大量完整的示例代码和透彻的技术分析，通过90条经验法则，探索新的设计模式和语言习惯用法，帮助读者更加有效地使用Java编程语言及其基本类库